W0247575

claudia hovermann
starke frauen
reden klartext

book@web

claudia **hovermann**

starke frauen reden klartext

GABAL

Die Deutsche Nationalbibliothek verzeichnet diese Publikation in der Deutschen Nationalbibliografie; detaillierte bibliografische Daten sind im Internet über http://dnb.d-nb.de abrufbar.

ISBN 978-3-89749-863-1

Projektmanagement:
Ute Flockenhaus, Fischerhude
Lektorat:
Dr. Christiane Gierke, Köln (www.text-ur.de)
Layout, Satz:
Koemmet Agentur für Kommunikation, Wuppertal (www.koemmet.com)
Umschlaggestaltung:
Martin Zech Design, Bremen (www.martinzech.de)
Umschlagfoto:
Ausloeser/zefa/Corbis
Druck und Bindung:
Salzland Druck, Staßfurt

2. überarbeitete und erweiterte Auflage des Titels
„Erfolgsrhetorik für Frauen"

Abonnieren Sie unseren Newsletter unter:
www.gabal-verlag.de

book@**web** – More success for you!

In der Reihe book@**web** erscheinen junge Karriereratgeber zu aktuellen Businessthemen mit eigener Internetanbindung.

Zu jedem book@**web**-Buch gibt es unter **www.gabal-verlag.de** einen kostenlosen Workshop, in dem Sie Ihr Wissen aktiv trainieren können.

Ihr Kennwort für den book@**web**-Workshop lautet: **Sendekanal**

b@**w** Dieses Signet kennzeichnet auf den folgenden Buchseiten die Workshop-Themen im Internet.

Wir freuen uns auf Sie und wünschen Ihnen viel Erfolg!

Ihr book@**web**-Team

»Wie wirke ich?«

»Paul findet meinen Busen zu klein und meinen Bauch zu dick.
Und meinen Hintern ... Ich allerdings finde mich extrem okay.«
Die »Du-darfst«-Werbung aus dem Fernsehen kennt fast jede Frau.
Und fast jede Frau findet sich darin wieder. Denn die meisten Frauen fragen sich: »Wie findet mich Paul?« Und jede Frau hat mehrere
Pauls – nur dass sie in Wirklichkeit nicht Paul heißen, sondern:

- Gisela – die Schwiegermutter
- Heinz – der Schwiegervater
- Marie und Max – die Kinder
- Martin – der Ehemann
- Irmtraud Müller – die Nachbarin
- Rolf – der Fitnesstrainer
- Frau Poland – die Metzgerin

Die Liste lässt sich beliebig fortsetzen. Denn bei all diesen
Menschen fragen wir (Frauen) uns »Wie findet der mich? Mag die
mich?« Und: »Was kann ich tun, damit er mich mag?« Der »Mag-
mich«-Zwang bemüßigt uns, immer sympathisch wirken zu wollen.
Doch dazu in späteren Kapiteln mehr.

Voll auf der Rolle   b@w

► Doch warum fragen Sie sich – fragen wir uns – ständig, wie die anderen Menschen uns finden? Ist das so wichtig? Anscheinend schon, denn sonst würden wir nicht so viel Zeit darauf verschwenden, diese Menschen beeindrucken zu wollen oder ihnen zu gefallen.

Aber Achtung: Sie lassen sich mit diesem Versuch, alle zu beeindrucken, auf ein gefährliches Spiel ein! Glauben Sie, dass Ihre Schwiegermutter die gleichen Erwartungen an Sie hat wie Ihr Fitnesstrainer? Nein, natürlich nicht. Das heißt, dass Sie für die Schwiegermutter eine andere Rolle spielen müssen als für den Fitnesstrainer.

Das kann auf Dauer ganz schön anstrengend werden. Wir investieren unheimlich viel Energie darauf, andere Menschen zu beeindrucken, ihnen ein optimales Bild von uns zu vermitteln. Wir inszenieren uns. Doch wählen wir überhaupt die richtige Inszenierung? Die richtigen Rollen, um »möglichst positiv« zu wirken?

//Verbale und nonverbale Kommunikation

Sie kommunizieren immer – egal, ob Sie gerade sprechen oder schweigen. Es ist schlicht unmöglich, nicht zu kommunizieren. Denn Sie senden durch Ihre Mimik und Gestik, Ihre Stimme und Ihre Körpersprache ständig Signale und Informationen. So wirken Sie auf andere Menschen auch ohne Sprache. Und mit diesem Teil der Informationen machen sich andere Menschen ein viel genaueres Bild von Ihnen, als Sie das mit der Sprache beeinflussen können. Deshalb sollten Sie sich überlegen, wie das Bild aussehen soll, das Sie anderen vermitteln.

Welche Wirkung möchten Sie erzielen? Was möchten Sie auch ohne Worte ausdrücken? Was wollen Sie – im Wortsinne – darstellen?

//Wie möchten Sie wahrgenommen werden?

Wahrscheinlich möchten Sie in unterschiedlichen Situationen unterschiedlich wahrgenommen werden. Sie wollen unterschiedliche Attribute ausstrahlen: So werden Sie auf einer Party unter Freunden anders wirken wollen als bei einem Vorstellungsgespräch. Machen Sie sich einmal bewusst, wie Sie auf andere wirken können – und wollen:

- attraktiv
- diszipliniert
- durchsetzungsstark
- dynamisch
- effizient
- ehrgeizig
- eitel
- erfolgreich
- ernst
- fähig
- fleißig
- freundlich
- gut organisiert
- intelligent
- jugendlich
- klug
- kompetent
- kooperativ
- kreativ
- liebenswürdig
- mächtig
- mitfühlend
- nett
- professionell
- reif
- sensibel
- sexy
- sympathisch
- taktvoll
- verlässlich
- weltgewandt

//Positionieren Sie sich mit wenigen Eigenschaften

Und das sind nicht mal alle Eigenschaften, die einem einfallen. Klingen irgendwie alle gut, nicht? Doch sollten Sie den Wunsch hegen, alle oder die meisten dieser Attribute auf sich zu vereinigen, vergessen Sie's. Manche dieser Eigenschaften widersprechen sich. Und sie können nicht alle gleich stark bei Ihnen vertreten sein.

Ein Beispiel: Sie möchten durchsetzungsstark, sympathisch und freundlich wirken. In der Kombination werden Sie es schwer haben, wirklich durchsetzungsfähig zu sein. Sie können nicht »alles auf einmal« sein. Genau wie bei den »Hard Skills«, den Fertigkeiten und beruflichen Qualifikationen, müssen Sie sich auch auf wenige »Soft Skills«, emotionale Kompetenzen, beschränken. Das ist quasi Ihre »soziale Kernpositionierung«. Entscheiden Sie sich deshalb für höchstens vier Eigenschaften.

Reflexion: Denken Sie bei der Auswahl an Ihre Wirkung im Berufsleben. Wie möchten Sie in Ihrem Job wirken, wie möchten Sie von anderen wahrgenommen werden? Notieren Sie vier ausgewählte Eigenschaften. »So möchte ich auf andere wirken«:

01. _____

02. _____

03. _____

04. _____

//Frauentypisch? Wie frau gern wirkt

Die obige Übung habe ich in vielen Rhetorik-Seminaren mit meinen Seminarteilnehmerinnen durchgeführt. Betrachtet man die Ergebnisse über die Jahre, werden immer wieder die gleichen Eigenschaften als besonders wichtig ausgewählt.

Die Top Vier der »Wirkungs-Wunschliste«:

01. sympathisch
02. kompetent
03. professionell
04. kooperativ

Dies sind durchweg sehr erstrebenswerte und positive Eigenschaften. Doch wahrscheinlich werden Sie es schon beim ersten Durchlesen merken: Diese Eigenschaften scheinen teilweise in Konflikt miteinander zu stehen. Alle Erfahrung sagt uns, »sympathisch« steht nicht immer neben »professionell« – manchmal steht es ihm tatsächlich im Weg. Denn es fehlt etwas:

b@w   //Wo bleiben Erfolg und Durchsetzungskraft?

Noch nie, wirklich noch nie, hat sich eine Teilnehmerin in meinen Seminaren gewünscht, durchsetzungskräftig zu wirken. Und bislang waren es unter vielen Hundert Befragten nur zwei, die erfolgreich wirken wollten.

Was ist denn los? Wollen Sie erfolgreich SEIN? Wahrscheinlich schon! Aber warum wollen Sie dann offensichtlich nicht, dass Sie auf andere erfolgreich WIRKEN? Und warum will scheinbar keine Frau durchsetzungsfähig wirken? Sie setzen alles daran, kooperativ statt durchsetzungsfähig zu wirken. Und wenigstens darin sind sie erfolgreich.

Natürlich merken Sie schnell, dass diese Rechnung nicht aufgeht. Wenn Sie erfolgreich sein möchten – und dies auch sind –, dann wird »man(n)« das früher oder später auch merken. Die Auswirkungen sind offensichtlich. Erfolg aber bedingt Durchsetzungskraft!

Kommunikationsbeispiel: In leitender Position führen Sie ein Kritik-Gespräch mit Ihrem Mitarbeiter, Herrn Schmidt, der die an ihn delegierten Aufgaben des Öfteren zu spät oder unfertig abliefert:

Sie: »Herr Schmidt, ich habe in letzter Zeit häufig festgestellt, dass von Ihnen zugesagte Aufgaben nicht pünktlich fertig gestellt wurden. Ich empfinde dies als Unzuverlässigkeit. Wo liegt das Problem?«

Herr Schmidt: »Die Fristen sind viel zu kurz gesetzt.«

Sie: »Ja ich gebe Ihnen Recht, dass die Fristen häufig sehr kurz sind. Ich wünschte, das ließe sich im Arbeitsablauf anders einrichten. Aber manchmal muss es schnell gehen und dann brauche ich Ihre Unterstützung.«

Herr Schmidt brummelt unverständlich vor sich hin.

Sie: »Wenn ich von Ihnen eine Zusage habe, muss ich mich darauf verlassen können, dass Sie pünktlich liefern.«

Herr Schmidt: »Ja, aber das geht nicht immer so einfach, wie Sie sich das vorstellen. Andere wollen ja auch noch was.«

Sie: »Das ist sicher zutreffend. Nur wenn ich eine Zusage von Ihnen habe, erwarte ich, dass Sie diese Zusage einhalten. Kann ich mich in Zukunft darauf verlassen?«

In diesem Kommunikationsbeispiel formulieren Sie in »Ich-Botschaften«, die dem Gesprächspartner anzeigen, wie sein Verhalten bei Ihnen ankommt. Auf anklagende »Du-Botschaften« verzichten Sie bewusst – und doch wird der Mitarbeiter Sie vermutlich eher als professionell denn als sympathisch empfinden.

An diesem Beispiel erkennen Sie, wie schwierig die Balance zu meistern ist: auf der einen Seite »sympathisch«, auf der anderen Seite »kompetent«. Und Sie sehen: Es ist nicht einfach, unterschiedliche Eigenschaften zu vereinen. Selbst wenn es sich nur um vier Wunscheigenschaften handelt, wie Sie sie vorhin ausgewählt haben.

Erziehung und Gene tragen »Teilschuld«

► Es scheint ganz offensichtlich, dass Frauen sich in einem Dilemma befinden: Auf der einen Seite ist da der Wille zum Erfolg, auf der anderen Seite das ausgeprägte Harmoniebedürfnis. Eine Folge dessen scheint absolute Kooperationsbereitschaft zu sein. Der Versuch, durch Nettsein zum Erfolg zu kommen. Woher kommt das? Eines ist klar – das zeigen auch die vielen bislang veröffentlichten Bücher über Frauen- und Männerkommunikation: Eine »Teilschuld« liegt in den Genen. Aber auch Mama und Papa haben mit ihrer Erziehung einen Teil dazu beigetragen, dass Mädchen so sind wie sie sind.

//Die Sache mit den Genen

Mutter Neandertal und Vater Neandertal haben zwei Kinder. Während Mutter Neandertal in der Höhle darauf achtet, dass das Feuer nicht ausgeht, und die Kinder behütet, ist Vater Neandertal auf der Jagd und kämpft mit wilden Tieren. Dabei bildet er gewisse Fähigkeiten aus: körperliche Kraft, Schnelligkeit, den für die Jagd erforderlichen Tunnelblick, eine informationslastige Kommunikationsstruktur. Mutter Neandertal lernte andere Dinge: zu schützen und zu nähren, das Feuer zu unterhalten, das Leben zu erhalten.

Wenn Frauen ihren Schwerpunkt von jeher darin hatten, sich um andere zu sorgen, mussten Sie weder an ihrem Durchsetzungstalent feilen noch ihre Muskeln stählen. Das Bild der behütenden und sorgenden Ehefrau und Mutter hat sich auch in den Köpfen der Menschen festgesetzt, weil es genetisch bedingt ist.

//Das schwache und schöne Geschlecht?

Männer mussten von jeher Stärke zeigen. Sei es im Kampf mit den wilden Tieren, in Kriegen oder auf dem Fußballfeld. Sie waren dafür verantwortlich, dass die Nachkommenschaft und die nährende Frau in der Höhle, das schwache Geschlecht, nicht verhungern. Sie haben traditionell für das Einkommen gesorgt.

Plötzlich finden wir uns in einer »verkehrten« Welt. Es gibt Frauen, die mehr verdienen als ihr Mann oder der Nachbar. (Allerdings gibt es immer noch kaum – wenn überhaupt – Frauen, die mehr verdienen als ihr Kollege. Aber es gibt viele Männer, die mehr verdienen als ihre Kollegin.) Es gibt Frauen, die ohne Mann ihre Kinder großziehen. Es gibt Frauen mit Macht in den Vorstandsetagen – wenn auch wenige. Kurzum: Es gibt Frauen, die ihren Mann – oder besser: ihre Frau – stehen, und das bringt das Weltbild vieler Männer komplett durcheinander und führt zu Schwierigkeiten im täglichen Leben und besonders im Erwerbsleben.

Die Probleme resultieren aber nicht ausschließlich daraus, dass die Männer mit dem neuen Bild der Frau nicht zurechtkommen, sondern sehr viel tragen wir selbst dazu bei – denn, wie gesagt, die Gene geben den Ton an.

//Der Mag-mich-Zwang

Der Wunsch nach Harmonie ist bei den meisten Frauen stark ausgeprägt. Für diese Harmonie wird viel getan. Kinder und Ehemann werden verwöhnt, Nachbarn ist man behilflich und auch im Job macht man sich bei allen Kollegen beliebt, indem man immer zur Stelle ist. Kurz: Frau kann nicht »Nein« sagen. Ich nenne das den »Mag-mich-Zwang«. Was steckt dahinter? Häufig sicher der Wunsch, sich mit dem eigenen Wohlverhalten die Zuwendung anderer zu »erkaufen«. Doch bleibt die Anerkennung aus, leidet das Selbstwertgefühl.

Und es wird als Enttäuschung empfunden: »Wozu mache ich das eigentlich alles«, ist ein Satz, den Frauen mit einem hohen Harmoniebedürfnis oft äußern. Oder denken. Sie sehen, wie schwierig es ist, unter den gegebenen Voraussetzungen kommunikationsstark, durchsetzungskräftig und erfolgreich zu sein – und sich gleichzeitig damit wohl zu fühlen.

//Emanzipationsfeindliche Kinderbücher

Seit frühester Jugend – und da hat sich nicht wirklich viel getan seit der Generation unserer Großmütter – werden Jungs und Mädchen auf ein gesellschaftlich akzeptiertes Rollenbild getrimmt. Diese Sozialisation perpetuiert überlieferte Rollenbilder von »anno tuck«, wie eine Untersuchung von 58 Kinderbüchern der Michigan University zeigt: 84 Prozent der in den Büchern abgebildeten Frauen tragen Schürzen. Die übrigen Frauen: eine Nonne, eine Indianersquaw, eine Königin und eine Mutter beim Spaziergang mit ihren Kindern. Diese Welt wird Mädchen und Jungen von klein auf suggeriert. Früh wird festgelegt, wer seinen Platz wo und wie in der Gesellschaft haben soll. Doch wie Sie wissen, ist nicht alles wahr, was in Büchern steht, und deshalb kann aus der Indianersquaw eine Abteilungsleiterin, eine Sekretärin oder ganz einfach eine berufstätige Frau werden.

//Dilemma: nett = begehrenswert, erfolgreich = zickig?

Wahrscheinlich wird sich die erfolgreiche Squaw dann aber in einem neuen Dilemma befinden: Denn die Erwartungshaltung ihrer männlichen Kollegen entspricht ihrer Erziehung, also der nach dem Rollenbild »Mann«. Und folglich rechnen sie damit, dass Frauen umgänglich und kooperativ sind. Und sie drängen sie weiterhin in diese Rolle, um ihre eigenen Ziele leichter verfolgen zu können.

Frauen, die dieser Erwartungshaltung nicht gerecht werden, ihr Harmoniebedürfnis auf ein Minimum reduziert und ihr Durchsetzungsvermögen maximiert haben, müssen damit rechnen, nicht mehr als nette und vielleicht auch nicht mehr als begehrenswerte Frau zu erscheinen.

Und so versuchen die meisten von uns, täglich eine ungeheuerliche Gratwanderung zu meistern. Dabei sind sich Frauen dieses ungerechten Dilemmas oft gar nicht bewusst. Oder sie definieren sich über ihre emotionale Kompetenz (EQ). Das sind die so genannten »Soft Skills«, die den Frauen zugerechneten besonderen »weichen Fähigkeiten«. Emotionale Kompetenz alleine wird Sie aber nicht aus diesem Dilemma führen. Andererseits ist dies Ihr erklärtes Ziel, denn Sie lesen dieses Buch.

//Unsere Mütter

Mütter erziehen uns nach ihrem eigenen Vorbild. Die wenigsten beziehen dabei eine bewusste Gegenposition ein, nach dem Motto: »Du, mein Mädchen, sollst freier, selbstständiger, anders erzogen werden als man mich erzogen hat.« Viel eher erziehen sie uns nach ihrem Ebenbild. Und das beruht auf den konservativen Werten, die ein »braves Mädchen« auszeichnet. Meine Mutter pflegt noch heute zu sagen: »Kind, so haben wir dich nicht erzogen.«

Und so kann es passieren, dass nicht nur die männlichen Kollegen verwirrt sind, wenn frau sich durchsetzt, selbstsicher ist und Erfolg hat. Die gleiche Verwirrung kann die Mütter befallen: Sie betrachten eine selbstsichere, eigenständige Tochter als »Schande« für ihre Erziehung. Und sind ganz froh, dass sie sich den Schuh nicht wirklich anziehen müssen, dass aus dem Kind ein selbstständig denkender Mensch geworden ist – denn sie haben uns ja nachweislich so nicht erzogen ...

► Von diesen Faktoren hängt Ihre Wirkung auf andere ab

Ihre Wirkung auf andere und Ihre Überzeugungskraft hängen von vielen Faktoren ab. Diese müssen im stimmigen Gesamtauftritt zusammenspielen. Es sind nicht allein die Gestik, die Mimik, die passende Kleidung, das angemessene Verhalten, die richtigen Worte. Es sind vor allem nicht die Worte alleine.

Form zählt mehr als Inhalt

► So lautet das Ergebnis einer häufig zitierten Kommunikationsstudie des Soziolinguisten Albert Mehrabian:

Ihre Wirkung auf andere Menschen hängt ab zu
- Sieben Prozent von dem gesprochenen Wort
- 38 Prozent von der Art und Weise, wie Sie sprechen (Intonation, Lautstärke, Dialekt)
- 55 Prozent von Ihrem Äußeren

Wow – nur zu sieben Prozent ist das Gesagte entscheidend? Ja! Das heißt aber nicht, dass es unerheblich ist, was Sie erzählen, da es sowieso niemand hört. Verstehen Sie das Ergebnis der Studie besser so: Wenn Sie nicht darauf achten, wie Sie dabei aussehen, wenn Sie etwas von Bedeutung sagen, dann büßen Sie schlimmstenfalls 93 Prozent der Wirkung ein.

Sie glauben nicht, dass die Worte nur zu sieben Prozent entscheidend sind? Aber Sie kennen vielleicht folgende Situation: Sie sitzen abends mit einer Freundin in einer Kneipe. Ein Mann betritt den Laden, der in Ihren Augen echt unattraktiv aussieht. Möchten Sie ihn trotzdem kennen lernen? Natürlich nicht. Der Arme bekommt nicht mal eine Chance. Nach »eingehendem« Taxieren – das in Wirklichkeit etwa 1,5 Sekunden dauert – ist der Typ Geschichte. Vielleicht tragisch. Denn es mag durchaus sein, dass Sie damit den nächsten Bestsellerautor, kommenden Spitzensportler, enthusiastischen Jungpolitiker, kreativ-scheuen Promi-Architekten haben abblitzen lassen. Hätten Sie mit ihm gesprochen, hätte er womöglich an Ausstrahlung und Wirkung auf Sie gewonnen. Aber er erhält nicht mal die Chance. Nur, weil sein Äußeres Sie nicht anspricht. Das ist die traurige Wahrheit. Und wissen Sie was: Männer beurteilen Sie genauso – allerdings noch eine Spur schärfer. Denn Frauen werden noch viel stärker aufgrund ihres Äußeren beurteilt als Männer.

//Bücher vollbringen keine Wunder, Sie tun es

Und gleich noch eine traurige Nachricht: Nur weil Sie ein Rhetorikbuch gekauft haben und es tatsächlich auch lesen werden Sie Ihre Wirkung auf andere nicht verändern. Lesen ist einfach, doch sich selbst zu verändern ist harte Arbeit.

Diätpläne in Frauenzeitschriften rauf und runter zu lesen macht Sie auch nicht schlanker. Und dem Aerobic-Trainer im Fernsehen bei seinen Übungen zusehen macht Sie nicht fitter. Es ist alles harte Arbeit. So auch Ihre Wirkung auf andere.

Wenn Sie also Ihre Wirkung auf andere Menschen beeinflussen möchten, kommen Sie um eine ernsthafte Auseinandersetzung mit der eigenen Person nicht umhin. Der kritische Blick in den Spiegel und der ernsthafte Wille, bequeme, aber unprofessionelle Eigenschaften abzulegen, gehören dazu.

Sympathisch wirken – ein sinnvoller Wunsch?

► Nicht nur in meinen Seminaren beweist es sich tausendfach: Die meisten Frauen wünschen sich, auf andere sympathisch zu wirken. Und ja, Männer auch. Nur ist es ihnen nicht ganz so wichtig wie den Frauen, dass sie von anderen gemocht werden. Im Zweifel wirken sie meist lieber erfolgreich, durchsetzungsfähig, professionell oder strategisch als sympathisch. Es ist ein legitimer Wunsch, auf andere sympathisch wirken zu wollen. Doch riskieren Sie vor lauter Sympathie nicht Ihre Professionalität. Jemand, der freundlich, höflich und hilfsbereit ist, wird sicher als sympathisch beschrieben. Doch der Eindruck von Kompetenz kann bei dem ganzen Mutter-Teresa-Fimmel auf der Strecke bleiben.

//Erziehungsmuster mit Erfolgsgarantie – in jede Richtung

»Frau Meier hat eben gesagt, was für nette Töchter wir haben, ihr grüßt immer so freundlich.« Ach ja. Was ist das denn für ein Kompetenzbeweis? Aber solche Sprüche hören sich Mädchen in ihren Kinder- und Jugendjahren von ihren Eltern, vorzugsweise von ihrer Mutter, an. Müttern – wir haben ja schon das mütterliche Rollenmodell betrachtet – erscheint es ungemein wichtig, dass Nachbarn und andere Erdenbewohner die lieben Kleinen entzückend finden. Kein Wunder, dass der Wunsch, »gut anzukommen«, von der Mutter auf die Kinder übertragen wird.

Jungs hingegen werden mit der »Sei-nett-zu-allen-Nachbarn-und-Menschen-Erziehung« weniger konfrontiert. Bei Jungs ist es eher angesagt, ein Rabauke zu sein und dem besten Freund beim Fußballspielen schon einmal heimtückisch gegen das Schienbein zu treten. Muss schließlich sein, sonst wird's ja kein richtiger Mann – und »Weicheier« können wir schließlich nicht gebrauchen.

Weinen ist absolutes Tabu. So ist es auch nicht weiter verwunderlich, dass es erwachsenen Jungs nicht weiter wichtig erscheint, von anderen gemocht zu werden.

Kommunikationsbeispiel: Ein Dialog unter Frauen:
Elke: »Du, Gabi, ich finde die Sabine echt doof. Die geht mir total auf die Nerven.«
Gabi: »Ich hab letzte Woche mit der Sabine über dich gesprochen, die kann dich auch nicht leiden.«
Elke: »Was, wieso das denn? Ich habe der doch gar nichts getan.«

Was ist da los? Elke ist der Ansicht, dass Sabine »echt doof« ist. Und doch möchte sie von ihr gemocht werden.

Unter Männern hört sich das so an:
Klaus: »Der Werner ist vielleicht ein blöder Langweiler.«
Thomas: »Du, das Gleiche sagt der über dich.«
Klaus: »Dann passt das ja. Ich muss mit dem kein Bier mehr trinken gehen.«

Klaus kommt es eigentlich gelegen, dass die Antipathie auch bei Werner vorhanden ist. Ihm ist es egal, wenn jemand ihn nicht mag, und von Werners Urteil ist er nicht abhängig.

//Um jeden Preis gemocht werden – erstrebenswert?

Der »Mag-mich-Zwang« bewirkt, dass wir Frauen viel tun, um sympathisch zu wirken. Davon versprechen wir uns ja Zuneigung. Und das geht so weit, dass wir uns sogar bei den Menschen freundlich geben, die wir gar nicht mögen und um die wir am liebsten einen Bogen machen würden.

Reflexion: Was tun Sie, um gemocht zu werden?

- Sie lächeln jede Ihnen unbekannte Frau im Toilettenvorraum an.
- Sie nehmen es hin, dass sich beim Bäcker alle vordrängeln.
- Sie hätten gern das letzte Stück Kuchen, doch trauen sich nicht, es zu sagen.
- Sie werden gefragt, ob Sie lieber Tee oder Kaffee trinken möchten, und sagen: »Ich nehme das, was alle nehmen.«
- Sie legen Ihrem Mann jeden Morgen das Passende zum Anziehen heraus, weil er es alleine angeblich nicht kann.
- Sie bringen das Haus auf Hochglanz, bevor die Schwiegereltern zu Besuch kommen.
- Sie räumen noch schnell auf, bevor die Putzfrau kommt.
- Sie stellen zum hundersten Mal das Kinderrad in die Garage, weil es doch schneller geht als zu meckern.
- Sie erledigen noch eine Arbeit für Ihren Chef, obwohl Sie schon so viel zu tun haben.
- Sie gehen »mal schnell« einer Kollegin zur Hand, weil die Arme es ja sonst nicht schafft.

//Ihre Wirkung – Ihre Entscheidung

Vergewissern Sie sich noch einmal mit dem kleinen Selbsttest darüber, wie Sie eigentlich wirken wollen. Wenn Sie (weiterhin) nur »nett« sein wollen – Ihre Entscheidung.

Doch bedenken Sie: Jemand, dessen oberstes Bestreben es ist, sympathisch zu sein, wirkt möglicherweise weniger kompetent als jemand, der es zudem schafft, sich durchzusetzen, anderer Meinung zu sein oder Nein zu sagen. Auch das Delegieren von Aufgaben funktioniert nicht ausschließlich übers »Nettsein«.

Keine Angst! Durchsetzungskraft, Kompetenz und Professionalität müssen nicht zwangsläufig dazu führen, dass niemand Sie mag. Vielleicht werden Sie nicht mehr so viele Leute sympathisch finden wie zu Ihrer »Ich-mach-euch-alles-recht-Phase«. Ist das schlimm? Nein! Denn viele dieser Menschen sind Ihnen im Grunde genommen sowieso nicht wichtig. Und: Denen sind Sie auch nicht wichtig. Nur bequem. Auf der anderen Seite werden Sie womöglich anderen Menschen sympathischer: Denjenigen, die ein klares Wort und »klare Verhältnisse« lieben.

DOs: Treffen Sie ständig neue bewusste Entscheidungen, sympathisch zu wirken, wenn es Ihnen wichtig ist, bei Menschen gut anzukommen, die Ihnen privat etwas bedeuten oder die beruflich eine Rolle spielen. Treffen Sie genauso bewusst die Entscheidung, durchsetzungsfähig, zielorientiert oder »straight« zu wirken, wenn dies angebracht ist.

//DOs and DON´Ts für Ihre Außenwirkung

Um möglichst gleichzeitig sympathisch und professionell zu wirken, gibt es nicht nur DOs, die Sie beachten, sondern auch DON'Ts, die Sie unbedingt unterlassen sollten. Wenn Sie diese 20 Fettnäpfchen vermeiden, erhöhen Sie Ihren Professionalitäts- und Sympathie-Faktor drastisch!

Die unsympathischen »Flop 20«

01. Nachlässige oder falsche Kleidung

02. Ungepflegte Gesamterscheinung

03. Zu starkes Parfüm

04. Körpergeruch

05. Anderen zu sehr auf »die Pelle« rücken

06. Fehlender Blickkontakt

07. Abweisende oder flegelhafte Körpersprache

08. Ein lascher Händedruck

09. Nicht grüßen beziehungsweise nachlässig grüßen
    (»nabend« statt »guten Abend«)

10. Unpünktlichkeit

11. Unzuverlässigkeit

12. Hände in den Hosentaschen

13. Kaugummi kauen während eines Gesprächs

14. Handygebrauch im Restaurant oder bei ähnlich unpassenden
    Gelegenheiten

15. Mangelnde Umgangsformen/Tischsitten

16. Fachchinesisch

17. Nicht zuhören

18. Mangelnde Höflichkeit

19. Launenhaftigkeit

20. Fehlende Entschuldigungsbereitschaft

Kompetenzfaktor Selbstwertgefühl

Ob Sie berufstätig sind, ob Sie ein Ehrenamt ausfüllen oder ob Sie »nur« im Verein auftreten: Vermutlich wollen Sie kompetent wirken. Und diese Außenwirkung hängt natürlich von einem Geflecht an Faktoren ab. Aber kein Faktor ist wahrscheinlich so wichtig wie Ihr Selbst-Wert-Gefühl, Ihre Selbst-Sicherheit.

//Selbstsicherheit – der mächtige, der Macht-Faktor

Ihre Selbstsicherheit ist die Basis für Ihre Kompetenz. Eine Chefin, die innerlich unsicher ist, wird ihren Mitarbeitern gegenüber kaum kompetent wirken. Man tanzt ihr auf der Nase rum. Selbstsicherheit und ein gutes Selbstwertgefühl zu erlangen – wenn es einem nicht schon durch Natur und/oder Erziehung mitgegeben wurde – ist, wie alles, ein Lernprozess.

b@w Zehn Schritte zum »Hochglanz-Selbstwertgefühl«

1. Denken Sie auch mal an sich

Als Frau nehmen Sie in der Gesellschaft unzählige Rollen ein: Hausfrau, Ehefrau, Geliebte, Mutter, Nachbarin, Tochter, Schwiegertocher, Mitarbeiterin, Kollegin und vieles mehr. Eines ist sicher: Es wird nicht langweilig. Doch das Fatale an dieser Rollenvielfalt: In der Regel versuchen wir alle Rollen möglichst perfekt zu spielen. Dabei kann es schon einmal passieren, dass wir selber sozusagen »auf der Strecke« bleiben. Wir sind zwar den ganzen Tag, die ganze Woche, das ganze Jahr für andere da – für Menschen, die uns etwas bedeuten. Aber für uns tun wir nur selten etwas – oder? Gehören Sie zu den Frauen, die abends erschöpft ins Bett sinken, nachdem Sie zehn Stunden im Büro »gejobbt«, anschließend den Haushalt tipptopp hergerichtet und die Familie bekocht haben? Dann laufen Sie Gefahr, viel für andere, aber zu wenig für sich selbst zu tun. Aber: Wenn Sie etwas für sich tun, dann werden Sie automatisch etwas für Ihre Lieben oder Ihren Chef tun. Denn die können nur so lange von Ihnen »profitieren«, solange es Ihnen gut geht. Ist Mama krank, kann Sie keine Butterbrote belegen, arbeitet die Mitarbeiterin zu viel, wird sie Fehler machen. Was passiert: Die Anerkennung bleibt aus und das Selbstwertgefühl, das wir (noch) darauf aufgebaut haben, auf der Strecke.

Reflexion: Lernen Sie, sich selbst Gutes zu tun, sich zu verwöhnen. Ohne ein schlechtes Gewissen zu haben, dass der Job oder die Familie zu kurz kommt. Sorgen Sie dafür, dass es Ihnen gut geht; dann können Sie auch anderen gut sein und gut tun. »Es ist überraschend, mit wie vielen Menschen man sich wohl fühlen kann, wenn man mit sich selbst zufrieden ist.« (Irving Stone)

DO: Notieren Sie vier Vorgänge oder Dinge, mit denen Sie sich regelmäßig etwas Gutes tun können und werden. Beispielsweise Besuche bei der Kosmetikerin, Ihre Sportstunde, der regelmäßige Theaterbesuch, ein Aufenthalt im Spa. Im Internetworkshop zu diesem Buch finden Sie noch viele weitere Anregungen – und auch dazu, welchen Energieräubern Sie künftig aus dem Weg gehen sollten.

01. _____

02. _____

03. _____

04. _____

2. Vergleichen Sie sich nicht mit Superwoman

Oft bleibt die Selbstsicherheit von Frauen auf der Strecke, weil sie in Vergleichen mit anderen vermeintlich schlechter abschneiden. Der Alptraum-Traum, jede Frauenzeitschrift verrät ihn: Porträtiert wird die erfolgreiche, fitte und gepflegte Geschäftsfrau, glücklich verheiratet mit einem sehr attraktiven, zehn Jahre jüngeren Mann. Die beiden Kinder sind entzückend, das Penthouse in der Stadt luxuriös, das Landhaus liebevoll rustikal eingerichtet. Der Hund tollt neben den Pferden, die das Gnadenbrot bekommen. Und neben ihrem beruflichen Engagement und ihren Charity-Aktionen bleibt noch Zeit zum Brotbacken: für Mann und Kinder, das Gnadenbrot für die Pferde und Brot für die Welt.

Was macht frau da unwillkürlich? Sie vergleicht sich mit dieser »Superwoman« und sieht all die Dinge, die sie selbst nicht hat und nicht kann. Tun Sie das auch? Wenn Sie sich mit »Plastiklebensläufen« vergleichen, die nahezu komplett der Fantasie von Schreibtischtätern entspringen, dann wird das unmittelbar Auswirkungen auf ihr Selbstwertgefühl haben: »Ich bin nicht so gut wie die Frau in der Zeitung« und »... ich bin nicht so viel wert«.

Reflexion: Fragen Sie sich mal, ob Madame Superwoman wirklich so lebt, wie Sie sich das vorstellen. Wenn diese Frau ein Mensch ist, dann hat sie auch Fehler und Kummer und Zweifel. Und Sie machen sich mit der Projektion eines perfekten Lebens verrückt.

Fragen Sie sich mal:

- Ist diese Frau genauso lebenslustig wie ich?
- Hat diese Frau jemanden, der sie aufrichtig liebt?
- Ist diese Frau gesund?
- Ist diese Frau magersüchtig?
- Ist diese Frau genauso sprachbegabt wie ich?
- Ist diese Frau eine genauso gute Mutter wie ich?
- Ist diese Frau eine genauso gute Freundin wie ich?
- Ist diese Frau genauso intelligent wie ich?
- Hat diese Frau einen ebenso ausgeprägten Humor wie ich?
- Hat diese Frau jemanden, den Sie aufrichtig lieben kann?
- Ist diese Frau genauso glücklich wie ich?

Die Liste ließe sich noch lange fortsetzen. Merken Sie, dass Sie an »Super-Frauen« nur das sehen, was Sie selbst sehen wollen?

Daher: Konzentrieren Sie sich nicht darauf, welche Vorteile andere Frauen augenscheinlich haben. Konzentrieren Sie sich lieber auf Ihre eigenen Vorzüge und Talente. Das ist es, was zählt!

3. Relativieren Sie Schönheit

Besonders empfindlich und empfänglich für Knicke im Selbstwertgefühl sind Frauen, wenn es um ihr Äußeres geht. Da wirkt die Erziehung zum »süßen Mädchen« ewig nach. »Sind meine Brüste zu groß oder zu klein? Ist mein Hintern schwabbelig oder fest? Wieso hat die keinen Bauch und ich schon?« – mit solchen Fragen bringen manche Frauen ihre Freizeit zu. Na prima! Und orientieren sich dabei an den Bildern von Supermodels, die uns jeden Tag tausendfach vorgeführt werden. Wir werden veräppelt!

Fernsehen, Zeitschriften und Models veräppeln uns. Man zeigt uns nicht die Wirklichkeit. So, wie Frauen im Fernsehen aussehen, sehen Frauen nicht aus. Frauen sehen aus wie die Frauen im Freibad oder die in der Sauna, in die manche sich schon mal trauen (wenn sie sich nicht zu dick fühlen). Models sind modelliert. Bevor ein Foto in der Vogue abgedruckt wird, hat der Fotograf ein Dutzend Filme verschossen. Und Sie wundern sich, dass Sie auf Schnappschüssen nicht gut getroffen sind? Models werden dafür bezahlt, dass sie von Natur aus oder durch Chirurgie besser aussehen als wir. Sie werden dafür bezahlt, dass sie kein Eis und keine Pizza essen. Sie werden dafür bezahlt, dass sie ihr Leben für Jahre abgeben. Sie werden für ihre Exotik, für ihr Anders-Sein bezahlt! Machen Sie sich das mal klar. SIE sind normal! Und normal ist auch, dass wir immer das haben wollen, was wir gerade nicht haben: Die Frau mit den glatten Haaren hätte gern Locken, die kleine Frau wäre gern groß und die große gern kleiner ... Schluss, aus, vorbei damit – Sie sehen doch, dass das zu nichts führt!

4. Stellen Sie Ihre Qualifikationen heraus

Lernen Sie, zu Ihren Fähigkeiten statt zu Ihren »Fehlern« zu stehen. Lernen Sie herauszustreichen, was Sie können, statt Ihre Qualifikationen herunterzuspielen.

Kommunikationsbeispiel: Nach einer überzeugenden Bewerbung wird Elke S. zu einem Bewerbungsgespräch eingeladen. Sie spricht zwei Sprachen: Englisch fließend, sie hat gute Grundkenntnisse in Französisch.

Vom Personalchef auf ihre Sprachkenntnisse angesprochen antwortet sie: »Ach ja, meine Englischkenntnisse sind okay – aber Sie wissen ja, wie das ist. Ich hab jetzt längere Zeit im Job kein Englisch gesprochen, da verlernt man einiges wieder. Mein Französisch ist ziemlich dürftig.«

Auf die gleiche Frage antwortet Mitbewerber Klaus F. mit identischen Sprachkenntnissen knapp: »Fließend.«

Welchen Eindruck, glauben Sie, hat der Personalchef von Elkes Sprachkenntnissen? Er glaubt, dass sie kaum imstande ist, einen flüssigen Satz über die Lippen zu bringen. Was bringt Elke ihre Bescheidenheit in diesem Fall? Sie bringt ihr nichts – sie verliert damit höchstens den Job an den Mitbewerber. Elke hätte auch so antworten können: »Ich spreche fließend Englisch und verfüge über gute Grundkenntnisse in Französisch.« So wirkt Elke nicht nur selbstsicherer, sondern sie verkauft sich auch besser und erhöht ihre Chancen, die Stelle zu bekommen. Kann der selbstbewusstere Auftritt ihr irgendwie schaden? Nein! Denn sie ist weder arrogant noch lügt sie. Sie ist einfach ehrlich – zu ihrem Gegenüber und sich selbst. Und sie wirkt auch nicht antrainiert »männlich«-selbstbewusst, denn sie umschreibt ihr echtes Können in ihren eigenen Worten.

5. Sprechen Sie positiv über sich

Vielen Frauen fällt es noch relativ leicht, Positives über sich schriftlich zu verfassen, z. B. in einer Bewerbung oder einem Lebenslauf. Aber schwer wird es dann, wenn sie positiv über sich reden sollen. So wie Elke S. ergeht es vielen Frauen im Gespräch: Soll(t)en sie positiv über sich sprechen, springt der »Schamfilter« an und dann ist es bei den meisten vorbei. Gerne wird eingewendet: »Man wird schon merken, wie kompetent und qualifiziert ich bin.« Aber genau das passiert meist nicht – denn so weit kommt es erst gar nicht. Bis der Chef »selbst was merkt«, kann viel Zeit vergehen.

DO: Direkt zu Anfang die eigenen Kompetenzen und Qualifikationen klar aussprechen. Und das kann man üben. Zwischen »gekleckert« und »geklotzt« liegt die in der Berufswelt akzeptierte goldene Mitte, denn bei der Wahrheit soll's schon bleiben.

Gekleckert	Geklotzt
Ab und zu fahre ich mit meinem Mann nach London. Wir lieben London. Toll zum Shoppen und Sightseeing. Da schnappt man auch schon mal das eine oder andere Wort auf.	Ich halte mich mehrmals im Jahr im europäischen Ausland auf, um meine Englischkenntnisse zu verbessern.
Ich mache bei uns ein wenig den Einkauf.	Ich bin Einkaufsleiterin eines weltweit tätigen Unternehmens.
Meine Sprachkenntnisse sind okay.	Ich spreche zwei Sprachen fließend: Englisch und Französisch.
Ich kann ganz gut mit dem PC umgehen.	Ich beherrsche das gesamte Microsoft-Office-Paket.
Ich arbeite ganz gern im Team.	Ich bin ein hervorragender Teamplayer.

6. Nehmen Sie Lob von anderen an   b@w

Achtung, Frauenkrankheit! Schon mal erlebt? Der Chef zu Sandra: »Frau Müller, das haben Sie gut gemacht.« Selten, aber wahr: Sandra wird von ihrem Chef gelobt. Und was sagt Sandra: »Das war doch nichts.«

Sandra wird gelobt und weist die Anerkennung weit von sich. In (gespielter oder echter) Bescheidenheit kann Sandra das Lob nicht annehmen, geschweige denn genießen, und der Chef wird sich eine weitere Anerkennung wahrscheinlich sparen. Also wird Sandra in Zukunft vergeblich auf Anerkennung warten. Selbst Schuld!

Die richtige Antwort wäre gewesen: ein schlichtes »Danke«. Oder: »Danke – es war auch sehr viel Arbeit.« Nicht nur im Berufs-, sondern auch im Privatleben fallen uns viele Situationen für diese weit verbreitete Frauenkrankheit ein. Im Internet-Workshop zu diesem Buch finden Sie eine Reihe weiterer Kommunikationsbeispiele, mit »typischen« und mit »guten« Antworten.

Reflexion: Wenn Sie sich Lob und Anerkennung wünschen, sollten Sie zuallererst lernen, dieses auch anzunehmen! Und: Manchmal ist ein strahlendes Lächeln die beste Antwort. Es zeigt, dass Sie sich freuen, es zeigt, dass Sie das Lob annehmen, und es beschenkt den Lobenden zurück.

7. Klappern gehört zum Handwerk

Eine typische Szene: Gisela beschwert sich: »Ich arbeite schon seit 15 Jahren für meinen Chef. Ich mache meine Arbeit gut. Das Einzige, was ich zu hören bekomme, ist gelegentliche Kritik, wenn etwas schief gelaufen ist. Das, was ich gut mache, wird gar nicht beachtet. Jetzt hat er eine Neue eingestellt. So eine Aufgetakelte. Die schleppt er überall mit hin, stellt sie stolz zur Schau und lobt sie über den grünen Klee. Und ich sitze da und mache brav meine Arbeit.«

Gisela macht ihrem Chef und der neuen Kollegin Vorwürfe. Zu Recht? Nein! Statt zu zicken, sollte sie lieber kritisch hinterfragen, was sie selbst anders machen könnte, um mehr positive Beachtung zu erhalten. Bei einem (selbst)kritischen Abgleich würde sie schnell merken, dass sie ihr eigenes Licht unter den Scheffel stellt und ihr eigenes Versäumnis ungerechterweise ihrer Kollegin, die dies nicht tut, zum Vorwurf macht. Die Kollegin weiß sich eben besser zu verkaufen.

Mit dieser Wahrheit konfrontiert, weicht Gisela auf eine Argumentationslinie aus, die ich in vielen meiner Seminare gehört habe: »Aber es kommt doch nicht darauf an, wie man aussieht und wie man sich verkauft, sondern die Qualität der Arbeit ist entscheidend.«

Entscheidend? Vielleicht. Aber wofür? Für die Firma. Für Ihr persönliches Weiterkommen ist aber entscheidend, dass man Ihre Arbeit auch besonders wahrnimmt. Gutes Klappern gehört zum guten Handwerk. Sie machen gute Arbeit – also reden Sie auch drüber. Sie haben das Recht dazu, sich selbst im besten Licht zu präsentieren.

DOs zur besseren Selbstvermarktung:
- Sie haben einen aggressiven Kunden beruhigen können? Erzählen Sie Ihrem Chef kurz davon.
- Sie haben Kosten fürs Büro einsparen können – berichten Sie darüber.
- Sie haben einen neuen Kunden akquiriert? Sprechen Sie darüber in der Teamsitzung vor versammelter Mannschaft.

8. Relativieren Sie (Selbst-)Kritik

Ein Blick in den Spiegel und die gute Laune ist dahin. Eine neue Falte am rechten Augenrand macht sich breit. Sie kneifen Ihre Augen noch ein paarmal zusammen, um auch ganz sicherzugehen. Ja, die Falte ist neu! Auch wenn Sie sich bis vor wenigen Sekunden noch rundum wohl gefühlt haben, die gute Laune ist dahin. Sie zweifeln, grübeln, fühlen sich mies und sind schlecht drauf. Wegen einer neuen Falte im Gesicht ... Sie meinen, das ist Grund genug? Für die einen ist es die Falte, für die anderen die Kritik des Chefs und für wieder andere, wenn die Schwiegermutter ihre hausfraulichen Qualitäten infrage stellt. Es geht hier um einen einzigen Kritikpunkt, dem Sie sich ausgesetzt sehen oder dem Sie sich selbst aussetzen und der Ihnen die ganze Laune verdirbt.

Männern würde so etwas nicht passieren. Vorausgesetzt, sie würden überhaupt bemerken, dass sie Mist gebaut oder an Falten oder Umfang zugelegt haben, würde dies ihr Selbstwertgefühl nicht im Geringsten beeinträchtigen. »Ist halt so« oder »passiert«, sind die gelassenen Reaktionen, wenn dem »starken« Geschlecht Fehler unterlaufen.

Reflexion: Machen Sie sich bewusst, dass Sie mit sich selbst sehr hart – zu hart – ins Gericht gehen. Dass Sie dazu neigen, sich nur mit den Besten, den Erfolgreichsten, den Schönsten zu vergleichen. Kleine Makel, kleinste Fehler werden dann zur Katastrophe, wenn Sie diese nicht ins vernünftige Verhältnis zu Ihren Pluspunkten setzen.

Machen Sie sich klar:

- Die Messlatte wird sehr hoch angesetzt. Ein Scheitern ist also sehr wahrscheinlich.
- Ein Kritikpunkt bedeutet aber nicht, dass Sie generell ein schlechter Mensch sind. Doch genau diesen Gedankengang hat frau in kritischen Augenblicken.
- Nur weil Sie beim Unterwäschekauf feststellen, dass Sie keine Idealmaße haben, dürfen Sie trotzdem weiterhin den Tag genießen.
- Nur weil Ihr Chef Sie kritisiert hat, heißt das noch lange nicht, dass Sie eine schlechte Mitarbeiterin, Mutter und Freundin sind.

Überlegen Sie, ob Sie nicht auf kleine Kritikpunkte überreagieren. Die Messlatte für Ihr eigenes Erfolgsgefühl setzen Sie selbst – leider – zu hoch an, die Messlatte für Kritik an sich selbst recht niedrig.

9. Machen Sie sich frei von bremsenden Glaubenssätzen

Natürlich wird der hohe Anspruch, den wir an uns haben, von der Gesellschaft, von den Medien beeinflusst:

- Nur schlanke Frauen sind attraktive Frauen.
- Nur Frauen mit Partnern sind vollwertige Frauen.
- Nur Frauen, die ihren Haushalt selbst »schmeißen«, sind gute Frauen.
- Nur Frauen, die ihren Männern das Essen kochen, sind gute Frauen.
- Nur Frauen, die ständig um ihre Kinder herum sind, sind gute Mütter.

Glaubenssätze der Gesellschaft – und wir machen sie uns zu Eigen. Was für ein Blödsinn! Wie viele solcher bremsenden Glaubenssätze für Männer kennen Sie? Keine? Kein Wunder also, dass das andere Geschlecht so selbstbewusst und unkritisch sich selbst gegenüber durchs Leben geht. Wie beneidenswert. Schlimm wird es aber dann, wenn sich Frauen selbst diskriminieren: Immer wieder höre ich in Seminaren Frauen sagen: »Ich bin schon 50.« Dieser Aussage folgt ein betretener Gesichtsausdruck. Warum lassen Frauen zu, dass das (kalendarische) Alter ihr Selbstwertgefühl zerstört?

Reflexion: Eine amerikanische Trainerin, Maria Arapakis, spricht in einem ihrer Seminare darüber, wie sie ihr Selbstbewusstsein aufpoliert hat. Als Maria 50 Jahre alt wurde, gab ihr das einen Knacks. Sie zählte sich schon zum alten Eisen. Diese Selbstkritik drohte ihr Selbstbewusstsein zu beeinträchtigen.

Doch dann hatte sie eine wunderbare Idee: Sie bat ihre Freundinnen und Freunde, ihr anstelle von Geschenken einen Brief, einen »Liebesbrief« zu schreiben. In diesem Brief sollten sie zum Ausdruck bringen, was sie an Maria schätzen, weshalb sie sie mögen, warum sie mit ihr befreundet sind.

Alle Freundinnen und Freunde sind Marias Bitte nachgekommen. Und das, was sie in den Briefen las, hatte ihr noch nie jemand so klar gesagt, geschweige denn geschrieben. Vor Freude habe sie geweint, sagt Maria. Und ihr Selbstbewusstsein war zu 100 Prozent wieder hergestellt!

DO: Nehmen auch Sie Ihren nächsten runden oder halbrunden Geburtstag zum Anlass, Ihr Selbstbewusstsein auf Vordermann zu bringen. Bitten auch Sie Ihre Freunde um einen Brief! Ihre wirklichen Freunde werden Sie verstehen und werden persönliche Worte finden, die das ganz Besondere in Ihrem Leben herausheben.

b@w   **10. Führen Sie ein »Selbstbeweihräucherungsbuch«**

Trotz aller Bemühungen, an uns selbst zu glauben, erwischt uns der Frust manchmal doch eiskalt – völlig normal. In solchen Situationen tendieren viele Menschen dazu, sich so in ihr eigenes Elend hineinzusteigern, dass sie sich von Minute zu Minute schlechter fühlen. Einmal negativ ausgerichtet, suhlen sie sich in der Erinnerung an früheres Versagen und sprechen sich jede Änderungskompetenz ab.

Damit Sie sich in solchen Situationen selbst aufbauen können, müssen Sie Vorsorge treffen. Legen Sie sich ein »Selbstbeweihräucherungsbuch« an. In dieses Büchlein schreiben Sie alle Komplimente, die Sie erhalten, jegliches Lob, das Ihnen zuteil wird. Und wenn Sie sich nächstes Mal seelisch nicht gut fühlen, schauen Sie in dieses kleine Komplimentebuch und lassen Sie zu, dass es Sie wieder aufbaut.

Fazit:

- Ihr Selbstbewusstsein ist der Schlüssel für Ihre Kompetenz.
- Verwechseln Sie ein positives Selbstwertgefühl nicht mit Arroganz.
- Lernen Sie, nicht nur für andere, sondern auch für sich da zu sein.
- Quälen Sie sich nicht durch Vergleich mit anderen.
- Stehen Sie zu dem, was Sie können.
- Lassen Sie nicht zu, dass Kritik Ihr positives Gesamtbild zerstört.
- Ergreifen Sie die Initiative – Sie sind verantwortlich für Ihr Selbstbewusstsein.

DO: Erstellen Sie jetzt eine Liste mit mindestens zehn Punkten, die Sie »Das mag ich an mir« betiteln. Notieren Sie Ihre Vorzüge in körperlicher, charakterlicher und beruflicher Hinsicht. Versuchen Sie, möglichst viele Punkte zu finden – auch wenn Sie noch ein wenig nachdenken müssen. Ein Tipp: Im Internetworkshop zu diesem Buch finden Sie eine umfassendere Übung zu diesem Thema.

Business-Outfit und Business-Talk

► Natürlich bestimmt Ihre äußere Erscheinung – vor allem im Business – sehr weitgehend, wie Sie wahrgenommen werden. »Wie du kommst gegangen, so du wirst empfangen« – an die Business-Etikette muss man sich schon noch halten. Die ist zwar branchenspezifisch ein wenig unterschiedlich, doch sind die grundlegenden Standards überall gleich.

// Äußere Erscheinung – mehr als nur Kleidung

Ihre äußere Erscheinung wird bestimmt durch

- Ihre Mimik
- Ihre Gestik
- Ihre Kleidung
- Ihre Haare
- Ihr Make-up
- Ihre Accessoires

Schauen wir uns dies im Einzelnen an:

// Professionelle Kleidung: stil- und branchensicher

Wie Sie mittels Mimik und Gestik kompetent und businesslike wirken, diskutieren wir in Kapitel 7 ausführlich. Wenden wir uns daher hier gleich der Kleidung zu. Es ist recht schwierig, verallgemeinernd zu sagen, was frau im Job tragen sollte, um professionell und kompetent zu wirken. Ein krasses Beispiel: In einer Bank machen Sie mit einem Kostüm oder einem Hosenanzug einen perfekten Eindruck. Arbeiten Sie hingegen in einem Bauunternehmen und haben viel mit Arbeitern zu tun, kommen Sie im Kostüm unglaubwürdig dahergestöckelt. Hier ein paar generelle Tipps, die auf nahezu jede Branche übertragbar sind:

01. Wählen Sie zurückhaltende Farben. Grau, schwarz und dunkelblau wirken kompetenter als schrille Farben. Natürlich können Sie schlichte Farben durch hellere Akzente aufpeppen, es muss nicht langweilig wirken.

02. Entscheiden Sie sich für klassische Schnitte. Asymetrische Röcke oder Hosen mit großen, aufgesetzten Taschen und Applikationen sind absolut tabu. Auch wenn Sie es lieber etwas fetziger mögen, der Ausdruck – oder Eindruck – von Kompetenz leidet darunter.

03. Uni ist besser als gemustert.

04. Nylon-Strumpfhosen sind auch im Sommer ein Muss. Oder geht Ihr Chef ohne Strümpfe zur Arbeit? Im Winter sind sehr stark gemusterte, blickdichte Strumpfhosen aber nur für sehr junge Frauen zu empfehlen; in konservativen Unternehmen gar nicht.

05. Tragen Sie auch bei sehr hohen Temperaturen nichts Ärmelloses. Mindestens sollte die kurze »Andeutung eines Ärmels« vorhanden sein.

06. Ihre Kleidung sollte nie durchsichtig sein.

07. Ausgeschnittene Dekolletés sind unangebracht.

08. Die Kleidung sollte immer passen: Zu klein, zu groß, zu kurz oder zu eng – all dies geht nicht. Am kritischen Blick in den Spiegel kommen Sie an keinem Morgen vorbei.

09. Röcke sollten nicht zu kurz sein. 2,5 cm über dem Knie ist die Schmerzgrenze. Kürzer ist tabu.

10. Sparen Sie nicht an der Qualität Ihrer Schuhe. Schon Coco Chanel hat gesagt: »Schlechte Schuhe verderben den Stil einer Frau.«

11. Offene Schuhe sind auch im Sommer tabu.

12. Plateauschuhe oder aufwendig geschnürte Schuhe sind zu jeder Jahreszeit unangebracht.

// Frisur – eine haarige Angelegenheit

Ausgefranste Dauerwellen, ungleichmäßige Färbung, unsaubere Schnitte: geht nicht. Hier ein paar generelle Tipps für Ihre kompetente Wirkung:

01. Sie sollten immer einen sauberen Haarschnitt haben. Sie wissen selbst, wie unwohl man sich fühlt, »wenn man gerade wachsen lässt«. Auch für diese Phasen sollten Sie sich eine gute Gestaltung Ihrer Frisur überlegen.

02. Bei gefärbten Haaren müssen Sie jeden Monat zum Nachfärben. Der Ansatz sollte nie zu sehen sein.

03. Rote Strähnen – zeitweise sehr modern – : tabu!

04. Haare, die in stark unterschiedlichen Farben gefärbt sind, beispielsweise oben blond und im Nacken dunkel – tabu!

05. Sehr dünnes Haar sollten Sie nicht zwanghaft lang züchten. Legen Sie sich einen Haarschnitt zu, der Ihrer Haarstruktur und Ihrem Typ schmeichelt.

06. Langes, offenes Haar – vor allem, wenn es blond ist – kann optisch Ihre Kompetenz »beschädigen«. Männer achten im Gespräch unbewusst auf die lange Mähne, nicht auf das, was frau sagt. Deshalb: Im richtigen Augenblick die Haare geschlossen tragen.

// Make-up: nie ohne, aber nie zu viel

Auch wenn Sie sich nicht gerne schminken – für den Job sollten Sie sich das Auftragen eines leichten, vorteilhaften Make-ups als »Must« angewöhnen. Untersuchungen haben ergeben, dass geschminkte Frauen – vorausgesetzt, das Make-up ist dezent – kompetenter wirken als nicht geschminkte Frauen.

Wenn Sie sich nicht sicher sind über das beste Make-up oder die besten Farben für Sie: Vereinbaren Sie noch heute einen Termin bei einer kompetenten Kosmetikerin oder einer Farbberatung, die Ihnen auch Aufschluss für die schmeichelhaftesten Kleidungsfarben gibt. Sind Sie aber ein Schmink-Fan, dann denken Sie daran: Schlichtheit siegt ... zumindest was die Make-up-Farben betrifft! Achten Sie auch auf gepflegte Hände. Und: Feuerrote oder poppige Nagellacke, zum Beispiel in Blau oder mit Glitzer, haben im Job nichts zu suchen.

// Accessoires: weniger ist mehr

Sie sind kein Weihnachtsbaum! Je mehr Accessoires Sie tragen, desto mehr lenken Sie damit von Ihrer Kompetenz ab.

Einige Tipps:

- Beschränken Sie sich auf wenige Accessoires. Sie tragen Ohrringe, eine Brille, eine Kette, eine Uhr und zwei Ringe? Das reicht!
- Die goldene Regel ist: Nicht mehr als sieben Accessoires – beachten Sie, die Ohrringe zählen doppelt – Sie tragen ja zwei.
- Mehr als zwei Ringe pro Hand sind tabu.
- Je auffälliger der Schmuck, desto weniger sollten Sie davon tragen.
- Das Tragen eines einzelnen großen Ohrrings ist im Job tabu. Kompetenzeinbuße hoch drei!
- Armbänder, die beim Gestikulieren klimpern, sollten Sie vermeiden.

// Der Ein-Druck durch den Hand-Druck

Was empfinden Sie, wenn Ihnen ein bislang unbekannter Mensch mit einem schlappen Händedruck begegnet? Ein sattes »Iihhh«! Wissen Sie denn, ob Ihr Händedruck fest genug ist? Haben Sie sich schon einmal selbst die Hand gegeben?

DO: Finden Sie unbedingt heraus, was Sie mit Ihrem Händedruck ausdrücken. Machen Sie unbedingt den Test und schütteln Sie Freunden die Hand und bitten Sie sie um ehrliches Feedback. Ist der Händedruck zu schlapp, wirken Sie von Anfang an schwach und inkompetent. Ein kräftiger Händedruck hingegen signalisiert Stärke.

Kompetenzfaktor kommunikatives Können

b@w

//Interessiert heißt interessant wirken

► Ein eingeschränkter Horizont, ein konzentriertes Interesse auf die eigene Person oder die eigenen Hobbys macht Sie zu einer schlechten Gesprächspartnerin. Im Job können Sie sich einen eingeschränkten Horizont nicht leisten, wenn Sie beispielsweise beim Smalltalk glänzen möchten.

Interesse für Ihnen bislang unbekannte Themen sind ein Garant dafür, dass Sie sich stetig weiterentwickeln und bei vielen Themen mitreden können. Hören Sie also hin und nicht weg, auch wenn's Sie mal nicht so brennend interessiert.

//Positiv wenden – nie meckern

Frauen tendieren – positiver lässt es sich nicht wenden – zu problemorientierter Kommunikation. Kurz: »Meckern« ist recht frauentypisch. Dabei wird formuliert, was man NICHT gerne hat, statt positiv zu wenden, WIE man's denn gerne hätte. Viel kompetenter wirkt es indessen, wenn Sie klar und positiv formulieren, wie die Zielorientierung aussieht:

Problemorientiert	Zielorientiert
Birgit ist Abteilungsleiterin in einem Versicherungsunternehmen. Ein Mitarbeiter reicht ihr eine angeforderte Präsentation herein. Nachdem sie kurz drübergeschaut hat, sagt sie: »Wo kommen diese komischen Clip-Arts her?«	Gleiche Situation, nur jetzt sagt Birgit zu ihrem Mitarbeiter: »Vielen Dank, dass Sie es pünktlich geschafft haben. Sind Sie bitte so nett und nehmen die Clip-Arts heraus. Ich finde, die passen nicht 100-prozentig. Machen Sie sich bitte gleich daran. Danke schön.«
Frau im Restaurant zur Servicekraft: »Ich habe keine Serviette.«	»Bringen Sie mir bitte eine Serviette.«
Mitarbeiterin zum Kollegen: »Musst du beim Telefonieren so laut schreien?«	»Redest du beim Telefonieren bitte etwas leiser, dann kann ich meinen Gesprächspartner besser verstehen.«

Das gilt auch für die Kommunikation im privaten Rahmen. Statt zu meckern »Du bist nie zu Hause«, können Sie die Aussage auch positiv wenden: »Ich würde heute gerne Zeit mit dir verbringen. Lass uns Folgendes überlegen.« Praktizieren Sie die positive Kommunikation, wo und wann immer es geht, und Sie werden feststellen, dass sie Ihnen irgendwann in Fleisch und Blut übergeht.

//»Weibchengrinsen« – die Karikatur eines Lächelns

Grinsen ist oft die Verzerrrung eines Lächelns. Und Frauen, die dem »Mag-mich-Zwang« unterliegen, neigen dazu, ständig zu lächeln, um sympathisch zu wirken. Das Dauergrinsen allerdings hat noch mehr Nachteile, als dass es meist gar nicht als herzliches Lächeln empfunden wird. Es wirkt inkompetent und, ja, dämlich, in jedem Fall hilflos. Besonders deplatziert ist es, wenn es mit einem gleichzeitigen Schulterzucken daherkommt – eine beliebte Kombination, um unangenehme Situationen zu »durchschwimmen«.

Kommunikationsbeispiel: Sie sprechen mit Ihrem Chef über eine Gehaltserhöhung. Nachdem Sie die Höhe des gewünschten Gehalts genannt haben, lächeln Sie.

Nett, aber fürs Nettsein bezahlt Ihr Chef Sie nicht. Eine Trainerkollegin von mir beschreibt das Phänomen »Weibchengrinsen« so: »Women smile to please, men smile when they are pleased« oder »Frauen lächeln um zu gefallen, Männer lächeln, wenn ihnen etwas gefällt.« Frauen benutzen ein Lächeln sehr häufig sogar bewusst, um die Stärke einer Aussage zu mindern. Das Lächeln fungiert sozusagen als Angstventil: »Oh Gott, was habe ich gesagt?« Jetzt schnell was Nettes hinterher – flugs lächeln!

DOs: Gewöhnen Sie sich an: Treffen Sie eine Aussage. Formulieren Sie positiv. Schenken Sie sich das anschließende Lächeln mit dem dazu passenden Schulterhochziehen. Schon mit diesem einfachen Dreiklang wirken Sie kompetenter und man wird ernster nehmen, was Sie sagen.

//Sachverständiges Auftreten und wirkliches Wissen

Unabdingbar für Ihren kompetenten Auftritt ist natürlich Ihre wirklich vorhandene Kompetenz. Will heißen, dass Sie Ihren Geschäftsbereich inhaltlich (»Hard Skills«) beherrschen und dass Sie über die weichen Kompetenzen (»Soft Skills«) verfügen, um durch Ihre emotionale Intelligenz zu überzeugen.

Doch manchmal werden Sie in Situationen geworfen, in denen SAVA wichtig ist: sachverständiges Auftreten bei völliger Ahnungslosigkeit. Also: Blenden auf hohem Niveau, um sich damit Zeit für Reaktion und für die Nacharbeitung des Wissens zu verschaffen. Das ist doch legitim! Denn die Ansprüche, die frau an sich hat, sind enorm. Aber man kann nicht alles wissen – und man muss auch nicht alles wissen. Das vergisst frau in den entscheidenden Augenblicken.

Kommunikationsbeispiel: In Ihrem Unternehmen haben sich wichtige Gäste angesagt. Sie gehören mit zum Team, das eine Präsentation vor den Gästen halten muss. Beim Smalltalk stellen Sie fest, dass Ihnen Ihr Gegenüber meilenweit überlegen ist, was sein politisches und wirtschaftliches Wissen anbelangt. Relativ typisch für eine Frau ist es, nun den Rückzug anzutreten: rot werden und sich um eine andere Aufgabe kümmern. Das Selbstwertgefühl wurde ramponiert. Ich weiß nicht so viel wie der andere. Wenden Sie die SAVA-Technik an. Zeigen Sie sich interessiert, stellen Sie ein paar Nachfragen und sagen Sie »Wie interessant«, »Da haben Sie absolut Recht«.

Oder haken Sie nach: »Wie meinen Sie das genau?« oder »Worauf wollen Sie hinaus?«. Ihr Gegenüber wird gerne reden – merkt nicht, dass Sie nur »Bahnhof« verstehen. So wirken Sie professionell und kompetent. Und im Laufe der Zeit kompensieren Sie SAVA immer mehr durch wirkliches Wissen.

//Erweitern Sie ständig Ihr Wissen: Stillstand ist Rückschritt

Wenn Sie immer nur die Dinge tun, die Sie bereits können, und über die Dinge lesen, die Sie bereits wissen, entwickeln Sie Ihr Wissen nicht weiter. Dieser Stillstand ist nicht gut. Gerade da, wo Sie Defizite haben, müssen Sie dranbleiben. An Themen, die Ihnen nicht so liegen.

DOs:

- Lesen Sie eine überregionale Tageszeitung.
- Nutzen Sie »tote« Zeit, zum Beispiel im Zug, um sich zu informieren.
- Was lesen Sie? »Brigitte« und »Bunte«? Oder »Handelsblatt« und »Financial Times«?
- Lesen Sie Fachbücher. Unterhaltende, leichte Belletristik bringt Ihnen nicht viel.
- Wann haben Sie das letzte Mal, als ein Fachthema Sie nicht so richtig interessierte, trotzdem nachgefragt?

Sie sollten über eine gesundes wirtschaftliches und politisches Verständnis verfügen und über das aktuelle Weltgeschehen auf dem Laufenden sein. Seien Sie neugierig und bereit nachzufragen, wenn Sie etwas nicht verstehen. Dies soll nicht heißen, dass wir nicht mehr schmökern dürfen. Natürlich ist es schön und wichtig, mal zu entspannen und Dinge zu lesen, die einen nicht schlauer machen. Mal – aber nicht immer!

Beobachten Sie, wenn Sie verreisen, Ihre männlichen Mitreisenden. Die meisten lesen in einem Fachblatt, der »Financial Times« oder dem Handelsblatt. Glauben Sie nicht auch, dass die Männer ihren Vorteil, den sie in der Berufswelt ohnehin haben, damit stetig ausbauen und wir weiter hinterherhinken?

//Aufgepasst – aktives Zuhören ist wichtig

Zum kommunikativen Können – zur kommunikativen Kompetenz – gehört nicht nur das gescheite Daherreden, dazu gehört auch das aktive Zuhören.

Fakt ist: Nur noch wenige Menschen sind in der Lage, anderen zuzuhören, sie sind viel zu sehr mit sich selbst beschäftigt. Und genau da liegt Ihre Chance. Hören Sie zu – aktiv! Geben Sie dem anderen das Gefühl, dass Sie sich für ihn, seine Ideen, seine Ansichten, seine Bedenken interessieren. Das macht Sie nicht nur sympathisch, sondern gibt Ihnen auch einen rhetorischen Vorteil.

So funktioniert aktives Zuhören:

01. Stellen Sie Blickkontakt her

Die Mindestvoraussetzung für aktives Zuhören ist der Blickkontakt. Schauen Sie Ihre Gesprächspartner an, suchen Sie ihre Augen. Blicken Sie freundlich, aber starren Sie nicht.

02. Antworten Sie mimisch

Ihre Mimik sollte zur Geschichte Ihres Gegenübers passen. Ihr Gesprächspartner erwartet, dass Ihr Mienenspiel die Geschichte, die er oder sie erzählt, in irgendeiner Art und Weise kommentiert. Er erzählt etwas Lustiges – lächeln Sie. Sie erzählt etwas Spannendes – schauen Sie erwartungsvoll.

03. Nicken Sie gelegentlich

Ein gelegentliches Nicken ist ein Zeichen dafür, dass sie noch aufmerksam sind. Nicken Sie jedoch nicht zu häufig, das kann, besonders in Diskussionen, in denen verschiedene Standpunkte vertreten werden, missverstanden werden.

04. **Geben Sie eine akustische Bestätigung**

Fügen Sie gelegentlich ein bestätigendes »Hmm« oder Ähnliches ein. Besonders am Telefon sind diese Bestätigungen wichtig, da Ihr Gesprächspartner Ihr Nicken nicht sehen kann.

05. **Kommentieren Sie**

Als sehr positiv wird es empfunden, wenn Sie zusätzlich zu den Geräuschen ein gelegentliches »das ist ja interessant« oder »und das haben Sie alles alleine geschafft« und ähnlich Positives von sich geben. Achten Sie auch da auf die richtige Dosierung. Übertreiben Sie es nicht, sonst fühlt sich der Gesprächspartner zum Narren gehalten.

06. **Stellen Sie Zwischenfragen**

Wenn Sie ehrlich an einem Gespräch interessiert sind, werden Sie ohnehin Zwischenfragen stellen. Sollte Sie der Gesprächsinhalt nicht interessieren, ist Ihnen die Beziehung zu Ihrem Gegenüber aber sehr wichtig, dann können Sie Interesse signalisieren mit Fragen. »Wie genau haben Sie das organisiert« oder »und wie ist es dann letztendlich ausgegangen«?

07. **Reden Sie nicht einfach dazwischen**

Zwischenfragen sind gut. Aber einfach dazwischenzureden, ohne dass das Gegenüber seinen Gedanken zu Ende gebracht hat, ist unhöflich und nervt.

08. **Hören Sie zwischen den Zeilen**

Zwischen den Zeilen hören, das bedeutet, dass Sie auf der Beziehungsebene »empfinden«, was Ihr Gesprächspartner im Grunde genommen meint, wenn er etwas sagt. Mehr dazu in Kapitel 6 und im Internetworkshop zu diesem Buch.

09. **Spiegeln Sie Worte**

Aktives Zuhören bedeutet auch, einige Worte des Gesprächspartners zu wiederholen, um ihm zu signalisieren, dass Sie sich wirklich damit auseinander setzen. Spiegeln können Sie auch in der Form: »Habe ich Sie richtig verstanden, dass Sie damit meinen ...«.

Voraussetzung für »aktives Zuhören« ist, dass Sie Interesse an anderen Menschen haben. Jemand, der sich nur für sich, seine Arbeit, seine Kinder, seinen Garten interessiert, wird niemals ein aktiver Zuhörer werden. Er wird aber auch wenige Freunde haben oder sich wundern, weshalb einige Menschen sich nach kurzer Zeit wieder von ihm abwenden.

Kommunikationsbeispiel:

Susanne: »Hi, wie geht's?«

Sabine: »Gut, und bei dir?«

Susanne: »Super. Bernd bastelt gerade an seiner Selbstständigkeit. Es läuft echt gut«.

Sabine: »Schön. Freut mich. Und wann geht's los?«

Susanne: »Schätze, schon nächsten Monat.«

Sabine: »Na dann, grüß ihn mal schön und sag ihm, ich drücke ihm die Daumen. Ich muss jetzt leider weiter – alles Gute euch beiden«.

Susanne: »Ja, danke.«

Deutlich wird, dass Susanne ein kommunikatives Problem hat: Sie interessiert sich nicht für andere – und sie tut nicht mal so. Deshalb fragt sie Sabine auch nicht, wie es bei ihr läuft. Sabine hingegen, die sehr mit ihrer eigenen Selbstständigkeit beschäftigt ist, schafft es trotzdem, sich nach dem Ehemann zu erkundigen und ihre eigenen Bedürfnisse in den Hintergrund zu stellen. Enttäuscht ist sie trotzdem von ihrer Freundin.

Kommunikationsbeispiel: Birgit ist neu in der Firma. Sie hat das Gefühl, dass sie sich gut eingearbeitet hat. Nach vier Wochen fragt ihre Kollegin Christa sie, ob sie ihr helfen könne. Wenn ja, sie bräuchte es nur zu sagen. Birgit winkt dankend ab. Sie schaffe das schon, sagt sie. Christa beteuert, dass es kein Problem wäre, ihr zu helfen, sie mache das gern. Doch Birgit, im Glauben, sie habe alles im Griff, freut sich, dass sie eine so hilfsbereite Kollegin hat. Sie macht sich aber keine Gedanken darüber, ob es noch einen anderen Grund für die angebotene Unterstützung gibt als Hilfsbereitschaft.

Hätte Birgit gelernt, richtig zuzuhören, hätte sie gemerkt, dass hinter Christas Hilfsangebot mehr als bloße Freundlichkeit steckte. Tatsächlich wollte Christa Birgit damit »durch die Blume« sagen, dass sie den Eindruck hat, dass Birgit ihre Arbeit nicht richtig bewältigt. Das Hilfeangebot war also gleichzeitig eine indirekte Kritik.

► Auf der sicheren Seite: Distanzzonen

Warum fühlen wir uns mit anderen Menschen im Aufzug oft unwohl? Weil uns fremde Menschen – aus Raumnot – zu nahe kommen. So nahe, wie wir es sonst nur vertrauten Menschen gestatten würden. Deshalb vermeiden wir zumindest den Blickkontakt. Das scheint eine gesellschaftliche Übereinkunft, die uns das Unwohlsein nimmt, weil es ein unausgesprochenes Einverständnis gibt: »Du bist mir zwar zu nah, aber du kannst nichts dafür, weil dieser Kasten einfach so klein ist.«

Und dann gibt es auch noch Menschen, die Ihnen »ohne Raumnot« zu nahe kommen. Vermutlich fänden Sie diese Personen sympathischer, wenn sie Ihnen nicht so nahe kommen würden. Aber Ihr Gegenüber merkt es nicht, wenn er Ihnen mal wieder zu nah auf die »Pelle« rückt. Und jedes Mal, wenn Sie einen Schritt zurückgehen, rückt er oder sie hinterher. Umgekehrt: Haben Sie Ihr Verhalten auch schon mal darauf überprüft, ob sich Ihre Gesprächspartner wohl mit Ihnen fühlen?

Distanzzonen respektieren

► Wenn Sie Distanzzonen beachten, kann Ihnen gar nichts passieren. Seien Sie eine aufmerksame Beobachterin: Wenn Ihr Gegenüber im Gespräch einen Schritt nach hinten geht, sind Sie ihm offensichtlich zu nahe gekommen. Im Allgemeinen werden Sie sich unbewusst richtig verhalten und den angemessenen Abstand wahren. Was heißt das aber?

//Die vier Distanzzonen regeln die gesellschaftliche Nähe

1. Die intime Distanzzone:

50 Zentimeter und weniger.

In dieser engsten Zone lassen wir eigentlich nur vertraute Menschen zu, da ein körperlicher Kontakt meist unweigerlich damit verbunden ist. Erfolgt ein unerwünschtes Eindringen in diese Distanzzone, ist dies meist mit Aggression oder Ablehnung verbunden – und wird auch so empfunden. Angreifer rücken einem eben »gefährlich nahe«.

Als Angriff – wenn auch nicht auf das Leben – kann daher auch das weit verbreitete »Küsschen rechts, Küsschen links« verstanden werden. Und damit machen sich viele Zeitgenossen sehr unbeliebt. Denn diese sehr intime Geste wird von vielen allzu inflationär eingesetzt und es werden Menschen ungefragt »gebusselt«, die man kaum kennt.

Das müssen Sie nicht mitmachen! Bevor Sie jemandem rechts und links einen Schmatzer auf die Wange drücken, stellen Sie sicher, ob der oder die andere das möchte. Wenn Ihr Gegenüber überhaupt keine Anstalten macht, Sie zu »busserln«, wird es wahrscheinlich auch nicht gewünscht. Akzeptieren Sie das mit Sensibilität.

//Bestehen Sie auf Ihrer Distanzzone – auch im Büro

Alltägliche Situation: Der Vorgesetzte stellt sich neben eine Mitarbeiterin, um beispielsweise zu sehen, was sie gerade auf ihrem PC schreibt, oder man schaut gemeinsam in eine Unterlage. Ihnen auch schon passiert? Tja, wäre Ihr Chef ein guter Beobachter, würde er merken, dass Sie jedes Mal zurückweichen, wenn er nahe herankommt. Ist er aber nicht, und so er rückt Ihnen immer wieder auf die »Pelle«. Wehren Sie sich rechtzeitig dagegen. Wenn Sie gegen die Verletzung Ihres intimen Distanzbereichs nichts unternehmen, wird Ihr Chef Ihnen immer unsympathischer werden. Sie bauen unbewusst Aggressionen auf. Wenn Sie noch länger unbefangen mit ihm zusammenarbeiten möchten, müssen Sie es ihm mit freundlichen, aber bestimmten Worten sagen:

Kommunikationsbeispiel:: »Herr Jansen, es fällt Ihnen wahrscheinlich gar nicht auf. Sie kommen sehr nah an mich heran, wenn Sie in meine Unterlagen schauen.«

Setzen Sie möglichst frühzeitig Grenzen, sonst werden Sie irgendwann herausplatzen: »Müssen Sie mir so auf die Pelle rü-cken?!« Dies ruiniert mit an Sicherheit grenzender Wahrscheinlich-keit die gute Arbeitsatmosphäre im Büro.

Sie können den Kommunikationstipp auch anwenden, wenn ein älterer Kollege oder eine Mitarbeiterin Ihnen zu nahe kommt. Sie greifen sie damit nicht an: »Herr Dr. Rauthental, es fällt Ihnen wahrscheinlich gar nicht auf, Sie stehen im Gespräch recht nah vor mir.« Oder: »Frau Echtendonk, es fällt Ihnen sicher nicht auf. Sie stehen sehr nahe.« Beide werden mit größter Wahrscheinlichkeit einen Schritt zurücktreten. Und ihr Verhalten bei nächster Gelegenheit wiederholen. Das ist keine böse Absicht, denn Menschen sind Wiederholungstäter. Wer seinen Mitmenschen schon sein ganzes Leben lang zu sehr auf die »Pelle« rückt, kann diese Gewohnheit nicht von einem auf den anderen Tag ändern, nur weil Sie es gern so hätten. Sie müssen die Person deshalb erneut darauf aufmerksam machen.

//Halten Sie sich selbst ebenfalls an Distanzzonen

Wieder eine büroalltägliche Situation: Durchaus üblich ist es, dass die Mitarbeiterin – nehmen wir mal an, Sie – dem Chef in einer Unterlage etwas zeigt. Halten Sie sich länger als die Dauer eines kurzen Hinweises in der Nähe Ihres Chefs auf, kann er diese Nähe als unangenehm empfinden.

Mein Tipp: Arbeiten Sie mit zwei Unterlagen, wenn Sie Ihrem Chef etwas erläutern müssen. So vermeiden Sie, dass Sie ihm mit dem Finger oder einem Stift vor der Nase herumfuchteln müssen.

Schärfen Sie Ihr eigenes Bewusstsein: Wenn Sie ein klein wenig Acht geben auf Ihre Mitmenschen, dann bemerken Sie es auch, wenn Sie selbst Distanzzonen nicht respektieren. Menschen, die im Gespräch mit Ihnen zurückweichen oder gar zurückgehen, fühlen sich bedrängt. Manche signalisieren das auch, indem sie ihren Oberkörper nach hinten beugen und die Arme vor der Brust verschränken. Gehen Sie dann nicht hinterher, sondern treten Sie lieber ein klein wenig zurück!

2. Die persönliche Distanzzone:

Fünfzig Zentimeter bis zu gut einem Meter.

In dieser persönlichen Distanzzone findet die übliche Art der Begrüßung statt: der Handschlag. Aber selbst beim Händeschütteln schaffen es einige Zeitgenossen, zu nah heranzukommen und sich unbeliebt zu machen.

Gewöhnen Sie es sich einfach an, den Arm bei der Begrüßung etwas steif zu halten. Wenn Sie ein zu starkes Abknicken des Arms vermeiden, halten Sie die anderen auf Distanz und können auch selbst Ihrem Gegenüber nie zu nahe treten. Es ist wichtig, dass Sie das beachten; sonst sind Sie möglicherweise Ihrem Gesprächspartner von Anfang an unsympathisch. Und das nur, weil Sie es gern nah mögen ...

3. Die gesellschaftliche Distanzzone:
Ein bis zwei Meter.

Das ist die gesellschaftlich allgemein respektierte Umgangszone. Wenn Sie sich in ihr bewegen, respektieren Sie den Wunsch nach Distanz Ihres Gegenübers und treten niemandem auf die Füße.

4. Die öffentliche Distanzzone:
Mehrere Meter Abstand.

Diese Distanzzone spielt im Berufsleben die geringste Rolle. In diesem Abstand bewegen Sie sich im öffentlichen Leben.

//Blickkontakt halten: schauen, nicht starren

Eigentlich weiß jeder, dass man anderen ins Gesicht schaut, wenn man mit ihnen redet. Doch so einfach ist das nicht. Einigen Menschen kann man nicht in die Augen schauen, weil man sich von ihnen verunsichert fühlt. Auch bei Menschen, die man anziehend findet, wird man leicht unsicher und schaut weg. Und wenn man zwanzig Leuten, beispielsweise bei einer Präsentation, in die Augen schauen soll, ist das schon gar nicht einfach.

Wer einem nicht in die Augen schauen kann, der hat womöglich ein schlechtes Gewissen – sagt der Volksmund. Wenn es also jemand in einem Gespräch oder einer Diskussion nicht schafft, Blickkontakt mit den anderen Beteiligten herzustellen, hinterlässt er einen unaufrichtigen, schüchternen und auch wenig selbstbewussten Eindruck. Menschen hingegen, die den Augenkontakt halten können, hält man für aufrichtig und selbstbewusst. Das ist, was Sie im Job möchten.

Also: Schauen Sie Ihren Gesprächspartnern in die Augen.

Kommunikationsbeispiel: Eine amerikanische Kongressabgeord-
nete wurde in einem Interview über ihre Erfahrungen als Frau im
Kongress befragt. Sie meinte, wenn Sie spräche, wüsste Sie genau,
was einige Männer denken:»Was will die eigentlich?«, »Die hat doch
keine Ah-nung« usw. Und sie wüsste, dass sie ihr am liebsten sofort ins
Wort fallen würden. Als Gegenmittel suche sie den direkten Blickkontakt
und signalisiert damit:»Denk erst gar nicht daran, mich zu unterbre-
chen. Ich habe dich im Blick.«

Blickkontakt: Die richtige »Augentechnik«

► Unterschiedliche Situationen erfordern unterschiedliche Augen-
kontakt-Strategien.

//Das Vieraugengespräch

Sie befinden sich in einem Gespräch mit nur einer Person und
versuchen ein Produkt zu verkaufen, einen Vertrag abzuschließen
oder einfach nur die Geschäftsbeziehung durch ein freundschaftli-
ches Gespräch zu pflegen.

So sieht Ihre »Augentaktik« aus:

● Schauen Sie Ihren Gesprächspartner fast unentwegt an. Aber achten
Sie darauf, dass es nicht zum Starren wird: Daher schauen Sie, wenn
Sie Ihre Gedanken sammeln oder über die vorgebrachten Argumente
nachdenken, kurz weg – aber nur ganz kurz. Suchen Sie dann wieder
den Blickkontakt.

So nicht:

- Eine Seminarteilnehmerin sagte mir einmal, dass sie ihrem Gegenüber lieber auf die Lippen schaue. Diese Taktik würde ich Ihnen in rein geschäftlichen Besprechungen nicht empfehlen. Stellen Sie sich vor, Ihr männliches Gegenüber schaute Ihnen auf die Lippen und nicht in die Augen. Würde das nicht als erotisches Signal gedeutet?
- Vermeiden Sie unbedingt, an Ihrem Gesprächspartner vorbeizuschauen. Das signalisiert Desinteresse und Unsicherheit. Es verunsichert zusätzlich die andere Person, die zweifelt »Was ist los?« oder »Passiert irgend etwas hinter mir?«.
- Ebenso sollten Sie vermeiden, nach oben, an die Decke zu schauen. Viele Menschen blicken zum Himmel oder zur Decke, um sich zu konzentrieren. Dies wirkt so, als warteten sie auf die Eingebung von oben. Damit halten Sie Ihren Gegenüber nicht in Ihrem Bann. Er verliert das Interesse, hört nicht mehr zu und sucht schlimmstenfalls nach einer Fluchtmöglichkeit.

//Die Kollegen- oder Mitarbeiter-Besprechung

Schauen Sie, wenn Sie reden, jeden Teilnehmer abwechselnd an, indem Sie Ihren Blick schweifen lassen.

So sieht Ihre »Augentaktik« aus:

- Ihr Blick sollte nicht länger als zwei Sekunden auf einer Person haften bleiben. Diese Person fühlt sich ansonsten möglicherweise irritiert und die anderen Teilnehmer werden automatisch ausgeschlossen.
- Die Gefahr, mit dem Blick an einer Person kleben zu bleiben, ist besonders dann groß, wenn Sie von Ihrem Gegenüber freundlich angelächelt werden. Widerstehen Sie der Versuchung. Sie können diese Person gern häufiger als die anderen anschauen, aber nicht länger!

//Vortrag in großer Runde

Wenn Sie einen Vortrag, eine Rede oder eine Präsentation vor großem Publikum halten, ist es wichtig, die Aufmerksamkeit so vieler Teilnehmer wie nur möglich zu erhalten und alle mit einzubeziehen.

So sieht Ihre »Augentaktik« aus:

- Da Sie nicht jeden Einzelnen anschauen können, benötigen Sie eine andere Taktik. Teilen Sie Ihr Auditorium vor Ihrem geistigen Auge in ein Uhrenziffernblatt ein. Zwölf Uhr ist ganz hinten in der Mitte, drei Uhr auf der rechten Seite, sechs Uhr ist vorn in der Mitte und neun Uhr ganz links. So entstehen vier gleich große Teile, vier gleiche Quadrate im Raum.
- Schauen Sie Ihr Publikum so an, dass Sie Ihren Blick abwechselnd von Quadrat zu Quadrat wandern lassen, und suchen Sie sich innerhalb des Abschnitts immer wieder andere Gesichter heraus, die Sie anschauen.
- Sollte in Ihrem Auditorium jemand sitzen, der ständig gähnt oder bereits eingeschlafen ist (kann alles vorkommen) oder ständig mit dem Kopf schüttelt, dann lassen Sie sich auf gar keinen Fall davon irritieren. Vermeiden Sie es, diesen Zuhörer anzusehen, und lassen Sie sich nicht von Einzelnen verunsichern.
- Wenn Sie Sicherheit und Bestätigung benötigen, dann suchen Sie sich ein freundliches Gesicht unter den Zuhörern heraus, das Sie immer mal wieder anschauen. Das baut auf und stärkt Ihr Vertrauen in Ihren eigenen Vortrag.

► Kompetente Kommunikation: Erfolgsrhetorik

Ihr Erfolg im Job hängt, wie Sie selbst wissen, von unterschiedlichen Faktoren ab. Und – wie Sie bis hierhin gelesen haben –, es gibt nicht gerade wenig zu beachten, um kompetent und professionell »rüberzukommen«. In diesem Kapitel geht es ausschließlich um das, was Sie sagen. Die Wörter, die Sie benutzen, und wie Sie bestimmte Dinge »an den Mann« bringen.

Begehrt und respektiert – geht das?

► Was frau alles so möchte: auf der einen Seite charmant, auf der anderen Seite kompetent. Auf der einen Seite begehrt, auf der anderen respektiert. Sie fragen sich, ob das geht? Ja, bis zu einem gewissen Grad.

Doch bedenken Sie: Je rhetorisch geschickter Sie agieren, desto mehr überraschen und gleichzeitig verunsichern Sie Ihre männlichen Gesprächspartner. Denn machen wir uns nichts vor: Von Frauen wird nicht erwartet, dass sie Männern rhetorisch überlegen sind. Sollte dies dann doch einmal »passieren«, verlassen wir unsere klassische Rolle und es mag sein, dass der »Begehrtheitsfaktor« ein wenig auf der Strecke bleibt. Oder positiv ausgedrückt: Nur die wirklichen Kerle nehmen es mit einer selbstsicheren und kommunikationsstarken Frau auf. Ist doch ganz gut, dann müssen wir uns mit den »Ich-fühle-mich-unterlegen-Typen« erst gar nicht beschäftigen. Das spart Zeit.

//Veränderte Kommunikation – veränderte Reaktion

Rechnen Sie damit, dass, wenn Sie Ihre Kommunikation leicht verändern, Sie auch veränderte Reaktionen von Ihren Gegenübern erhalten werden. Einige werden negativ sein, andere voller Bewunderung. Erleben Sie es selbst. Möchten Sie sich aufgrund zugeschriebener weiblicher Attribute beruflich über Wasser halten? Oder möchten Sie durch Ihr Auftreten und Ihre rhetorischen Fähigkeiten erfolgreich sein, voll akzeptiert werden und trotzdem ganz Frau – aber nicht Weibchen – sein? Beides ist o.k., aber es ist wichtig, dass Sie eine Entscheidung treffen.

//Legen Sie jedes Wort auf die Goldwaage

Der Rat, jedes Wort auf die Goldwaage zu legen, ist ernst gemeint. Die nachfolgend aufgeführten Merkmale der Kommunikation werden Ihnen deutlich zeigen, dass durch das Hinzufügen oder Weglassen eines einzigen Wortes die Wirkung Ihrer Aussage vollständig anders ausfällt.

Schwierig dabei ist, dass Sie sich selbst beim Sprechen beobachten müssen. Sie müssen genau aufpassen, »was Sie eigentlich sagen«. Denn Sie sprechen, seit Sie sprechen gelernt haben, in einer bestimmten Art und Weise, die Ihnen eigen und in Fleisch und Blut übergegegangen ist.

DO: Lassen Sie die folgenden Seiten auch eine Freundin lesen und bitten Sie sie, sehr ehrlich zu Ihnen zu sein. Sie soll Ihnen sagen, in welche der beschriebenen Fallen Sie hin und wieder tappen. Auch wenn Sie ihr nicht glauben wollen – wahrscheinlich hat sie Recht. Denn sie nimmt Ihre Art zu kommunizieren viel genauer wahr als Sie selbst.

//Achten Sie auf das Maß Ihrer Entschuldigungen

»Tut mir sehr Leid.« Wie oft sagen Sie das täglich am Telefon, nur weil Ihr Chef wieder einmal nicht zu sprechen ist? Frauen tendieren zu häufigen Entschuldigungen. Männer hingegen entschuldigen sich kaum – oder wie oft hat Ihr Partner Ihnen schon gesagt, dass ihm irgendetwas Leid tut? Natürlich sollen Sie sich entschuldigen, wenn es etwas zu entschuldigen gibt.

Aber das dauernde »oh, das tut mir Leid«, beeinflusst die Wahrnehmung Ihrer Person. Entschuldigen Sie sich beispielsweise dafür, dass Ihr Chef nicht da ist, wirken Sie schwach und nicht kompetent. Hinzu kommt, dass Ihre Stimme »das Leidtun« entsprechend weinerlich unterstützen wird. Fazit: Der Anrufer hält Sie nicht für kompetent und will auch nicht mit Ihnen sprechen. Die Hörbeispiele im Internetworkshop zu diesem Buch werden Sie davon überzeugen.

Kommunikationsbeispiel:

Anrufer: »Guten Tag, Meier hier, ich hätte gern Herrn Dr. Krasch gesprochen.«

Sekretärin: »Oh, das tut mir Leid, der ist in einer Besprechung,«

Meier: »Wann ist er denn wieder da?«

Sekretärin: »Das kann ich Ihnen leider auch nicht sagen. Vielleicht kann ich Ihnen ja auch weiterhelfen? Worum geht es denn?«

Meier: »Ich versuche es lieber später noch einmal.«

So läuft's besser:

Anrufer: »Guten Tag, Meier hier, ich hätte gern Herrn Dr. Krasch gesprochen.«

Sekretärin: »Guten Tag, Herr Meier, Herr Dr. Krasch wird spätestens morgen wieder im Büro sein. Was kann ich in der Zwischenzeit für Sie tun?«

Meier: »Ich wollte ihn auf xy ansprechen ...«

Der Unterschied zwischen diesen beiden Dialogen ist frappierend. Dadurch, dass auf die Entschuldigung verzichtet wird, verläuft der gesamte Dialog positiver. Die Worte der Sekretärin im zweiten Beispiel sind überlegt gewählt. Das ist Übungssache – das können Sie auch! Dadurch, dass keine Entschuldigung erfolgt, beginnt die Antwort der Sekretärin nicht negativ (der ist nicht da), sondern positiv. Sie sagt dem Anrufer, wann der Chef zu sprechen ist, und nicht, dass er nicht da ist. Auch diese Kleinigkeit trägt dazu bei, dass dieser Dialog durchweg gelungen erscheint. (Lesen Sie mehr zu »Positiver Kommunikation« auf Seite 42).

Kompetent kommunizieren: klar, knapp, zielorientiert   b@w

► Viel ist bereits über die unterschiedlichen Kommunikationsarten von Frauen und Männern geschrieben, vieles gesagt und vieles spekuliert worden. Im Folgenden untersuchen wir Kommunikationsmerkmale, die für Business-Situationen prägend sein können. Die über Erfolg und Misserfolg, über stärkere oder mangelnde Professionalität entscheiden können. Kommunizieren Sie wie ein Profi – dann wird man Sie auch für einen Profi halten.

//Vermeiden Sie Weichmacher und Füllwörter

Mit Weichmachern rauben Sie Ihren Worten Wirkung und sich selbst die Überzeugungskraft. Wie im folgenden

Kommunikationsbeispiel: »Ich wollte Sie bitten, ob es eventuell möglich wäre, wenn Sie mir die Daten für xy zusammenstellen könnten. Ich bräuchte Sie eigentlich bis zum ... Ich weiß, Sie haben viel zu tun, aber wäre es trotzdem irgendwie möglich?«

Erkennen Sie die Weichmacher in diesem Beispiel?
- eventuell
- eigentlich
- irgendwie

Vielleicht erhält die um Hilfe fragende Mitarbeiterin die Unterstützung ihres Kollegen – aber bestimmt nicht rechtzeitig! Sie versucht sehr höflich und sehr nett zu sein. Hier wird der »Mag-mich-Zwang« sehr deutlich. Denn die Mitarbeiterin möchte anderen keine Befehle geben – man könnte sie anschließend nicht mehr mögen –, also verpackt sie ihren Wunsch als umständliche Bitte. Der Kollege mag die Bittstellerin anschließend sicherlich noch – doch ob er sie respektiert, das ist fraglich.

Kommunikationsbeispiel: »Herr Müller, ich bereite die Unterlagen für die Vorstandssitzung vor und benötige Ihre Hilfe. Ich brauche von Ihnen xyz – spätestens bis zum 14. Oktober.«

Das ist nicht unnett. Aber es ist vor allem klar, kompetent und bestimmt. Glauben Sie nicht auch, dass der Kollege die Unterlagen rechtzeitig besorgen wird? Und noch ein Tipp: Auch wenn Sie die Unterlagen von Ihrem Kollegen erst am 20. Oktober benötigen, sollten Sie genügend Pufferzeit einkalkulieren und z. B. den 14. Oktober angeben. Ober haben Sie die Erfahrung gemacht, dass Termine immer eingehalten werden? Aber machen Sie unwichtige Vorgänge so auch nicht über-dringend – sonst machen Sie sich auf Dauer unglaubwürdig.

//Weichmacher verwässern Ihre Aussage

1. eigentlich

So besser nicht	Besser so!
»Ich wollte eigentlich um 16 Uhr Feierabend machen.«	»Herr Müller, ich würde gern morgen pünktlich Feierabend machen. Ich habe noch einen wichtigen Termin.«
»Also, eigentlich finde ich die Idee ganz gut.«	»Mir gefällt die Idee gut. Was ich noch berücksichtigen würde, wäre ...«
»Eigentlich bin ich der Meinung, dass wir es doch ganz gut hinbekommen haben.«	»Wir haben das sehr gut gemeistert.«

»Eigentlich« negiert Ihre wirkliche Absicht. »Eigentlich« wollen Sie nach Hause? Und uneigentlich? Was denn nun? Möchten Sie pünktlich nach Hause oder nicht? Finden Sie die Idee jetzt gut oder schlecht? Haben Sie es gut hinbekommen oder doch nicht? Man sollte schon wissen, woran man bei Ihnen ist.

DO: Gelegentlich macht die Verwendung eines »eigentlich« natürlich Sinn. Doch verwenden Sie lieber die Floskel »im Grunde genommen« – das wirkt kompetenter.

2. eventuell

So besser nicht	Besser so!
»Wäre es eventuell möglich, noch etwas zu essen zu bekommen?«	»Ich habe noch Hunger. Würden Sie mir noch etwas zu essen machen?«
»Ich wollte mal fragen, ob es nicht eventuell doch möglich wäre, dass ...«	Stellen Sie doch die Frage, die Sie stellen möchten!

3. halt, normalerweise, irgendwie

So besser nicht	Besser so!
»Es wäre halt gut, wenn Sie mir die Unterlagen bis morgen reinreichen würden.«	»Bitte reichen Sie mir die Unterlagen bis morgen rein. Vielen Dank.« Oder: »Bitte seien Sie so nett und reichen Sie mir die Unterlagen bis morgen rein.«
»Es wär irgendwie ganz gut, wenn ich morgen pünktlich Feierabend machen könnte.«	»Ich würde morgen gern pünktlich Feierabend machen.«
»Normalerweise würde ich sagen, dass ...«	Und unnormalerweise? Und was sagen Sie jetzt? Ist diese Situation jetzt unnormal? Streichen Sie »normalerweise« ersatzlos.

Frauen greifen gern – jedenfalls häufig – zu solchen Formulierungen, um keine feste, unumstößliche Meinung zu äußern. Die sie
dann vertreten müssen, falls der Gesprächspartner doch gegenteili-
ger Meinung sein sollte. Frau lässt sich gern ein Hintertürchen für
den spontanen Meinungsumschwung offen. Sie will ja nicht unsympathisch mit ihrer Meinung allein dastehen ...

DO: Machen Sie sich Weichmacher, Einschränkungen und vage
Umschreibungen bewusst. Machen Sie sich eine Liste, welche davon
Sie selbst benutzen. Und achten Sie dann darauf, das zu lassen!

Spielen wir Folgendes im Kopf mal durch: Sie haben sich auf eine Stelle beworben, die eine große Herausforderung für Sie dar-
stellt. Im Vorstellungsgespräch fordert Sie der Personalchef auf:
»Frau Müller, sagen Sie mir, warum Sie für diese Stelle die geeigne-
te Person sind.« Ihre Antwort: »Ja, also, ich denke, dass ich eigent
lich ganz gut organisieren kann und dass, das hat man mir zumindest schon mal gesagt, ich auch eigentlich ganz gut mit Menschen
umgehen kann ...«. Das KANN auf Ihren Gesprächspartner nur unsicher und untrainiert wirken. Wenn die weitere Kommunikation
ebenso unsicher abläuft, dann werden Sie noch vor vielen Personal-
chefs sitzen.

DO: Verzichten Sie auf Weichmacher und formulieren Sie statt
dessen so:
- »Ich sehe das so: ...«
- »Mein Vorschlag ist: ...«
- »Berücksichtigen Sie bitte ...«
- »Was halten Sie von: ...«
- »Mir ist es wichtig, dass ...«
- »Was mich interessiert, ist Folgendes: ...«
- »Ich hielte es für eine gute Idee, wenn ...«
- »Seien Sie bitte so nett und machen Sie xy für mich.«

b@w //Üben Sie Ihre Ausdruckskraft

Eine klare Ausdrucksweise will geübt sein. Besonders von Frauen. Und ganz besonders dann, wenn es darum geht, sich selbst in einem guten Licht dastehen zu lassen. Denn frau »backt gern kleine Brötchen«, verkauft sich gern unter Wert, wie wir im Vorangegangenen gesehen haben.

DOs: Notieren Sie mindestens drei Ihrer Stärken – Kernkompetenzen –, die beruflich relevant sind. Formulieren Sie diese Stärken in ganzen Sätzen. Sprechen Sie sie laut vor sich hin.

Dass Sie Ihre Stärken laut aussprechen, ist wichtig. Denn wie wir vorhin diskutiert haben, fällt es vielen Frauen besonders schwer, über ihre Stärken zu sprechen. Also: Trainieren Sie!

//Klar Stellung beziehen – Sicherheit ausstrahlen

Wahrscheinlich kennen auch Sie Menschen, die sich scheuen, ihre Meinung klar zum Ausdruck zu bringen. Die drum herumreden und nicht in der Lage sind zu sagen: So ist es – so sehe ich es. Wahrscheinlich mögen sie das nicht. Wie steht es aber um Sie selbst? Stehen Sie zu Ihren Ansichten? Oder verstecken Sie sie ebenfalls hinter umständlichen Formulierungen? Reden Sie um den heißen Brei herum? Wenn ja, dann denken Sie daran, dass Sie damit Unentschlossenheit, wenig Selbstvertrauen und mangelndes Durchsetzungsvermögen demonstrieren.

DOs: Vermeiden Sie folgende Formulierungen:

- Ich will mal sagen ...
- Also, ehrlich gesagt ...
- Also, wenn Sie mich fragen ...
- Also, meine ganz persönliche Meinung ist, dass ...
- Lass mich nicht lügen, aber ...
- Also, wenn ich ehrlich sein soll, dann muss ich sagen, dass ich eigentlich ...

Ohne Einstiegsfloskeln: Sagen Sie einfach, was Ihre persönliche Meinung ist! Wenn Sie – beispielsweise um Zeit zum Nachdenken zu gewinnen – eine einleitende Formulierung benutzen möchten, dann:»Ich sehe das so ...«. Auch dies vermittelt einen Standpunkt. Ihren Standpunkt.

//Babytalk: Vermeiden Sie Verniedlichungen

»Das ist aber lieb von Ihnen!« hörte ich mich neulich selbst im Zug sagen, als mir jemand den schweren Koffer reinhievte. Ein »Das ist sehr freundlich, vielen Dank« hätte es auch getan.

Frauen lieben (anscheinend) Wörter wie
- echt gut
- klasse
- lieb
- schön
- super
- süß
- total nett
- total schön

Kommunikationsbeispiel: Stellen Sie sich vor, Ihr Teamkollege stellt Ihnen sein Konzept vor – und Sie kommentieren dies mit »Ich finde, das ist eine superschöne Idee.« Oder Sie werden nach Ihrer Meinung zur Rede Ihres Vorstandsvorsitzenden gefragt und Sie antworten mit »Total gut«.

Ja, wenn Sie's lesen, dann gruselt's Sie auch, oder? Und doch ertappen wir uns dabei, diese Wörter zu nutzen. Die meisten Männer würden das, was unser täglich Vokabular zu sein scheint, nicht verwenden. Männer nutzen eher solche Adjektive:

- außerordentlich
- bemerkenswert
- erstaunlich
- exzellent
- gut
- in Ordnung
- interessant
- sehr gut

Diese Wörter drücken weit mehr Kompetenz aus als ein »total schön«. Außerdem bieten sie Ihnen mehr Varianten, um wirklich das auszudrücken, was Sie empfunden haben.

//Komisch – witzig, oder was?

»Komisch« – dieses »Unwort« nutzen nicht nur viele Frauen, es ist ein »gesamtgesellschaftliches Phänomen«. Viele Menschen kommentieren Sachverhalte, über die sie nachdenken müssen, mit »das ist ja komisch«. Wenn etwas komisch ist, dann ist es doch zum Lachen, oder? Doch vielmehr meint man »interessant«, merkwürdig« oder »erstaunlich«. Variieren Sie Ihr Vokabular, um wirklich das auszudrücken, was Sie sagen wollen.

//KISS – keep it simple and short

Die KISS-Formel kennt jeder Vertriebler: Sag Dinge einfach und klar heraus. Dann verkauft man auch. Seine Idee, das Produkt und sich selbst. Frauen jedoch antworten oft umständlich. Mehr als Männer tendieren wir dazu, eine eindeutige Frage, die man leicht mit »ja« oder »nein« beantworten könnte, mit einer kleinen Kurzgeschichte zu erschlagen.

Erwiesenermaßen sprechen Frauen etwa doppelt so viel wie Männer. Rund 14.000 Wörter, so hat man gezählt, spricht Frau pro Tag durchschnittlich. Diese ausgewiesene kommunikative Kompetenz kann im Businessleben auch mal hinderlich sein: Mit ausschweifenden Erklärungen strapazieren Sie in der Regel die Geduld Ihres Gegenübers und hinterlassen einen wenig kompetenten und professionellen Eindruck. Also: Hören Sie auf zu schwafeln. Sagen Sie, »was Sache ist«. Kommen Sie zum Punkt. Kommunizieren Sie professionell. Klar. Knapp.

Kommunikationsbeispiel: Ein Kunde fragt: »Frau Meyer, bis wann denken Sie, haben Sie das Konzept so weit fertig, dass es präsentationsreif ist?« Frau Meyer: »Ja, also wissen Sie, das ist so eine Sache. Unter präsentationsreif versteht ja jeder etwas anderes. Ich müsste außerdem einmal schauen, wie es in meinem Terminkalender aussieht. Wenn ich in den nächsten Tagen viel unterwegs bin, dann dauert es natürlich ein bisschen länger ...«.

Spätestens an diesem Punkt verliert der Gesprächspartner von Frau Meyer die Nerven. Er hat schließlich nicht nach ihren sonstigen Verpflichtungen gefragt – die interessieren ihn auch gar nicht. So hätte sie besser reagiert: »Herr Müller, ich schätze, dass ich spätestens in zwei Wochen so weit bin. Sicherheitshalber schaue ich noch einmal in meinen Kalender, um Ihnen einen konkreten Termin nennen zu können. Ich rufe Sie morgen dazu an.«

//Die Gedanken vor dem Reden entwickeln

Ein kommunikatives Phänomen ist, dass sich die Gedanken beim Reden entwickeln und konkretisieren. Die spannenden Kurzgeschichten, die wir zu erzählen haben, entwickeln sich langsam. Während wir reden, fällt uns immer wieder ein anderer Punkt ein, um den sich die Geschichte prima erweitern lässt. Das wirkt unstrukturiert. Also unprofessionell.

Daher: Denken Sie kurz nach, bevor Sie »loslegen« oder antworten. Worauf wollen Sie genau hinaus? Welche Hauptpunkte wollen Sie »an den Mann« bringen? Welche Information wünscht sich Ihr Gesprächspartner? Was ist unerhebliche Information? Gewöhnen Sie sich an, solch überflüssige Information zu unterdrücken. Es ist so alt wie einfach: erst denken, dann reden. Das alleine reduziert schon das übliche »verbale Rauschen«.

//Setzen Sie einen Punkt: Es ist alles gesagt.

Auch wenn es bitter klingt: Sehr oft habe ich beobachtet, dass Frauen einfach nicht den Mund halten können. Damit ist gemeint, dass, wenn alles gesagt ist, frau es nicht schafft, ruhig zu sein. Ganz offensichtlich wünscht sich frau von ihrem Gegenüber eine unmittelbare Reaktion auf das soeben Gesagte. Bleibt diese aus, schildert sie das Ganze noch einmal – diesmal von einer anderen Warte aus beleuchtet. Oder in anderen Worten. Achtung! Oft redet frau sich damit um Kopf und Kragen. Denn: Im Grunde genommen ist alles gesagt. Was jetzt nochmals durchgekaut wird, wirkt wirr und es verweichlicht das Gesagte.

Reflexion: Beobachten Sie Ihr eigenes kommunikatives Verhalten in dieser Hinsicht. Halten Sie den Mund, wenn »alles gesagt ist«? Halten Sie es aus, dass eine – vielleicht auch unerwünschte – Reaktion kommt? Oder quasseln Sie so lange, bis Sie glauben, »gewonnen« zu haben? Sie haben nur scheinbar »gewonnen«, wenn Sie immer weiterreden.

Geben Sie Ihrem Gesprächspartner die Gelegenheit, über das, was Sie gesagt haben, nachzudenken. Ist doch prima, wenn sich jemand über Ihre Worte Gedanken macht – lassen Sie das ruhig zu. Sollte eine zusätzliche Erklärung erforderlich sein, können Sie diese immer noch hinzufügen.

//Klar und eindeutig – formulieren Sie Wünsche konkret   b@w

Anliegen, Wünsche und Bitten konkret zu formulieren – da tun sich viele Frauen schwer. Die Devise lautet: Lieber den Wunsch kompliziert verpacken und nicht mit der Tür ins Haus fallen. Die Folge: Sie bekommen häufig nicht das, was Sie sich wünschen. Das liegt zum einen daran, dass Ihr Gegenüber Sie weniger ernst nimmt, wenn Sie lange »labern«. Zum anderen kann es passieren, dass Ihr Gesprächspartner vor lauter »Verpackung« gar nicht versteht, was Sie möchten. Kommunizieren Sie deshalb nach dem Motto: »Say what you mean, and get what you want.«

So besser nicht!

- »Also, ich wollte mal fragen – es ist Folgendes ... Also, ich bin ja die letzten Wochen immer relativ lange im Büro geblieben. Und morgens bin ich auch schon ziemlich früh da gewesen. (Jetzt wird Ihr Chef langsam, aber sicher unruhig.) Und da heute auch nicht so viel zu tun ist, wollte ich Sie fragen, ob es nicht ausnahmsweise möglich wäre, dass ich heute schon um 16 Uhr nach Hause gehe« – (lächeln, Schulter zucken).

Was passiert da?

- Hand aufs Herz: Könnte Ihre »Argumentation« ähnlich aussehen? Wenn ja, dann haben Sie sicher auch die möglichen Antworten Ihres Chefs schon gehört: »Heute brauche ich Sie länger – tut mir Leid. Bringen Sie mir doch bitte noch die Unterlage ...« »Ausgerechnet heute geht es nicht, übermorgen wäre besser.« »Ich würde Sie ja gerne früher gehen lassen, aber ausgerechnet heute ...« Zum einen haben Sie Ihrem Chef durch Ihre umständlichen Formulierungen Zeit gestohlen, ihn gelangweilt und »genervt«. Zum anderen – was ausschlaggebend ist –, haben Sie durch diese Art der Darstellung vermittelt, dass es sich um eine so außergewöhnliche Bitte handelt, dass er ihr gar nicht nachkommen kann.
  Sie haben es vermasselt!

Besser so!

- »Herr Sowieso, ich würde gern heute um 16 Uhr Feierabend machen. Mein Überstundenkonto weist x Überstunden auf. Ich habe in den Kalender gesehen – von daher passt es sehr gut. Außerdem habe ich schon mit Frau Müller gesprochen – die weiß, wo sich alles befindet, wenn Sie noch etwas benötigen.« Im ersten Satz haben Sie gesagt, worum es geht. In jedem weiteren Satz findet sich ein Argument für den vorzeitigen Feierabend, sodass Ihr Chef fast nichts mehr dagegenhalten kann.

So besser nicht!
- »Herr Dr. Winkelmann, kann ich Sie mal was fragen? Übernächste Woche ist ja schon Ostern, wie schnell die Zeit vergeht ... Mein Mann hat sich die Tage vor Ostern Urlaub genommen und unsere Große kommt aus Heidelberg – sie studiert dort. Ich glaube, das hatte ich Ihnen mal gesagt. Na, auf jeden Fall wollte ich fragen, ob es eventuell möglich wäre, ...«

Was passiert da?
- Die Unsicherheit der Fragestellung vermittelt dem Chef das Gefühl, dass der Urlaubsantrag »eigentlich« doch nicht so wichtig ist. Zudem belastet die Mitarbeiterin die Frage mit einem Strauß privater Details, die den Chef 1. nichts angehen, ihn 2. nicht interessieren und 3. als Argument für ihn nicht so wichtig sind wie beispielsweise, dass eine Urlaubsvertretung organisiert ist.

Besser so!
- »Herr Dr. Winkelmann, ich hätte gern vom 12. bis 19. April Urlaub. Frau Müller würde die Vertretung übernehmen. Ist das okay?« Auch hier haben Sie mögliche Einwände bereits in der Frage entkräftet. Sollte Ihr Chef weitere Einwände haben, können Sie immer noch erläutern, weshalb die Urlaubstage Ihnen so wichtig sind.

//Erst das Ergebnis, dann die Begründung kommunizieren

Kommunikationsbeispiel:

Chef: »Frau Müller, ich hatte Sie darum gebeten, dafür zu sorgen, dass der Bericht, wenn ich wieder im Hause bin, auf meinem Schreibtisch liegt. Wo ist er denn?«

Frau Müller: »Es tut mir furchtbar Leid, Herr Schröder. Es wird Sie wahrscheinlich nicht gerade erfreuen, aber ich muss Ihnen sagen, dass sich in Ihrer Abwesenheit gleich zwei Sachbearbeiterinnen krank gemeldet haben – die Tochter von Frau Schneider hat sich beim Schulsport verletzt und Frau Mister hat die Grippe. Außerdem sind wir im Sekretariat im Augenblick sowieso total überlastet. Also musste ich anderweitig einspringen. Ich denke, das war nun wirklich in Ihrem Sinne, oder?«

Was ist passiert? Frau Müller erkärt zuerst das »weshalb« und dann das »was«. Es ist auffällig, dass Frauen tendenziell zuerst die Gründe erläutern und dann umständlich »ins Ziel eiern«. Doch diese Ausführungen sind ermüdend und wirken wenig professionell. Also: Kommen Sie zum Punkt – von Anfang an! Und das geht so in wenigen Worten: »Ich bin dran. Geben Sie mir noch eine halbe Stunde für den Bericht, dann habe ich ihn fertig.« Sollte Ihr Chef wissen wollen, warum Sie die Aufgabe noch nicht erledigt haben, können Sie ihm das jetzt immer noch kurz und knapp erklären: »Es war so ein chaotischer Vormittag, zwei Kolleginnen sind krank und es ist sehr viel zu tun, deshalb bin ich noch nicht dazu gekommen.«

//Richtig delegieren: klare Anweisungen

Kommunikationsbeispiel: »Ich wollte Sie mal fragen, ob Sie mir eventuell helfen könnten. Und zwar, es geht ... um Folgendes ... Wäre es vielleicht möglich, ich weiß ja, Sie haben viel zu tun, es ist auch nur

ausnahmsweise, ginge es, dass Sie mir bis morgen Nachmittag eine
Übersicht über den aktuellen Status für das Projekt xy erstellen?«

Also, delegieren geht anders. Mit diesem netten, aber ungeordne-
ten Geeiere werden Sie weder Respekt erhalten noch tun Sie Ihren
Mitarbeitern etwas Gutes. Denn es fehlen klare Zuweisungen und
Informationen, die aber zur Erfüllung der übertragenen Aufgabe nötig wären. Das macht es Mitarbeitern nicht leichter, sondern schwe-
rer. Folglich machen Sie sich das Leben und Ihre Arbeit unnötig
schwer, weil es an Kooperationsbereitschaft seitens der Mitarbeiter
mangeln wird.

So delegieren Sie richtig: »Frau Meyer, ich brauche Ihre Hilfe.
Sind Sie so nett und erstellen Sie mir bis morgen Nachmittag den
Statusbericht für das Projekt xy? Ich brauche ihn sehr dringend.
Vielen Dank.«

So zu delegieren ist immer noch weiblich. Ein Mann würde nie
sagen »sind Sie so nett«. Also keine Sorge, Sie werden nicht zum
»Mannweib«, nur weil Sie sich konkreter und bestimmter ausdrücken.

Negativ-Kommunikation: selbsterfüllende Prophezeiungen b@w

► Wenn Sie andere von Ihrer Idee oder Ihrer Meinung überzeugen
möchten, müssen Sie Ihren Gesprächspartnern das Gefühl geben,
dass Sie selbst davon überzeugt sind: »In dir muss brennen, was du
in anderen entzünden willst« – das sagte schon Augustinus. Und
das (der) entzündet uns noch heute. Umgekehrt werden negative
Floskeln und Einleitungen negative Reaktionen der Gesprächspartner nach sich ziehen. Sie sind selbsterfüllende Prophezeiungen.

//Negative Einleitungen: implizite Dementi

Negative Formulierungen als selbsterfüllende Prophezeiungen:

- »Ich weiß, es ist gerade ein ungünstiger Augenblick, aber ...«
- »Ich glaube zwar nicht, dass es funktioniert, aber könnte man nicht mal darüber nachdenken, ob ...«
- »Es ist wahrscheinlich keine gute Idee, aber könnte man nicht mal versuchen, ob ...«
- »Es ist zwar nur meine Meinung, aber ich denke, dass ...«

Durch derart negative Einstiegsformulierungen, so genannte implizite Dementi, setzen Sie sich und Ihre Ansichten herab. Sie geben dem anderen von vornherein zu verstehen, dass mit Ihrem Vorschlag etwas nicht in Ordnung ist. Ihr Gesprächspartner gewinnt den Eindruck, dass es für ihn erst einmal besser sei, Ihren Vorschlag abzulehnen oder kritischer zu hinterfragen als nötig.

Kurz: Es wirkt, als seien Sie selbst von Ihrem Vorschlag nicht überzeugt. Und wenn Sie selbst von etwas nicht überzeugt sind – zumindest nach außen so tun –, wie wollen Sie dann andere überzeugen? In den negativen Formulierungen liefern Sie gleich die Vorwände für das Ablehnen durch Ihren Gesprächspartner mit: »Ja, das wird wahrscheinlich wirklich nicht gehen«, ist genau die Antwort, die Sie mit diesen Formulierungen provozieren. Machen Sie sich klar, dass an diesem argumentativen Scheitern nicht Ihr Gegenüber oder Ihr Chef schuld ist, sondern Sie.

Und nutzen Sie daher besser folgende Formulierungen:

- »Mein Vorschlag ist folgender ...«
- »Was halten Sie von folgender Idee ...«
- »Ich würde gern Folgendes einmal ausprobieren ...«
- »Ich habe folgende Idee ...«
- »Ich hielte es für gut, wenn wir ...«
- »Ich fände es sehr gut, wenn wir ...«

- »Mir wäre es wichtig, wenn wir/Sie ...«
- »Ich habe mir Gedanken gemacht zu .../Was halten Sie davon, wenn ...?«

So treten Sie weder arrogant noch allwissend auf – und gleichzeitig doch kompetent.

//Negative Abschlussfragen

Sie können Ihre Aussagen – wie soeben diskutiert – von vornherein implizit negieren. Manche Frauen schaffen es aber auch, ihren Worten »auf den letzten Drücker« Wirkung und Durchschlagskraft zu nehmen.

Kommunikationsbeispiel: »Frau Dr. Meyer, um Kosten zu reduzieren und um den Gesamtaufwand niedrig zu halten, schlage ich vor, ein anderes Unternehmen, das darauf spezialisiert ist, mit der Verpackung unseres Produktes zu beauftragen. Oder glauben Sie, dass das nur Ärger geben wird?«

Der gute und sachdienlich vorgetragene Vorschlag wird auf den »letzten Metern« von der Rednerin selbst entwertet. Es scheint nicht nur, als sei sie selbst nicht von ihrem Vorschlag überzeugt – sie liefert auch gleich noch das ablehnende Argument mit.

Irrationales Verhalten? Ja, natürlich. Denn oft ist das ein Angstverhalten. Angst davor, dass der Vorschlag akzeptiert wird, sich aber nicht als blendend erweist. Oder Angst, dass der Vorschlag abgelehnt wird. Also lässt frau sich ein Hintertürchen offen. Das ist aber weder diplomatisch noch strategisch. Wer sich um klare Positionen drückt, wird sich auch nie klar vorne positionieren. Und: Sie provozieren durch derartige Fragen geradezu die Ablehnung. Wenn Sie sich dieser Mechanismen nicht bewusst sind, werden Sie in die selbst gestellte Fußangel tappen. Zwangsläufig führt dies dazu, dass

Sie glauben, immer die falschen Vorschläge zu machen oder zu wenig akzeptiert zu werden. Folge: Minderung Ihres Selbstvertrauens. Machen Sie sich also diese Strukturen bewusst. Und vermeiden Sie die folgenden Formulierungen:

- »... oder passt das nicht ins Konzept?«
- »... oder ist der Termin ungünstig?«
- »... oder glauben Sie (nicht), dass das problematisch wäre?«
- »... oder ist das keine gute Idee?«
- »... oder passt es Ihnen nicht?«

Egal, wie gut Ihr Vorschlag war, mit diesen Fragen berauben Sie sich jeglicher Überzeugungskraft. Ihr Gesprächspartner wird dazu verleitet, zu antworten: »Da haben Sie Recht – konzeptionell sehe ich da keine Chance« oder »Es ist tatsächlich höchst problematisch – schwer umsetzbar.«

Formulieren Sie Ihre abschließende Frage selbstsicher, ohne arrogant zu sein:

- »Was halten Sie davon?«
- »Wie ist Ihre Meinung dazu?«
- »Wie bewerten Sie die Chancen auf dem internationalen Markt?«
- »Geht das in Ordnung?«

Sie können Ihren Vorschlag auch mit einer Bestätigung bekräftigen:

- »Ich halte das für eine gute Sache!«
- »Ich habe alles genau durchgerechnet/organisiert. Es wird keine Probleme geben.«
- »Alles wird glatt laufen.«
- »Ich bin mir sicher, dass ...«

Mit diesen Formulierungen demonstrieren Sie Selbstbewusstsein! Sie können sicher sein, dass man Ihnen zuhört und Ihren Worten mehr Bedeutung zumisst.

//Achten Sie auf Kräftegleichstand in der Kommunikation

Niemand mag Besserwisser. Und daher werden Vorschläge innerlich direkt abgelehnt, wenn sie arrogant präsentiert werden. Smarte Verhandler achten deshalb darauf, dass der »Kunde«, in dem Fall Ihr Gesprächspartner, dem Sie eine Idee »verkaufen« wollen, das Gefühl hat, er habe diese selbst entwickelt.

Mit den oben aufgeführten Einleitungen wirken Sie professionell, aber nie überlegen. So geben Sie Ihren (leider immer noch) vorwiegend männlichen Vorgesetzten oder Gesprächspartnern die Gelegenheit, zum gleichen Ergebnis zu kommen wie Sie. Unterschätzen Sie nicht, wie wichtig dies ist. Als Mann und manchmal gleichzeitig als Vorgesetzter – in der doppelten »ich-bin-überlegen-und-wichtig-Rolle« – möchte Ihr Gesprächspartner sich keine Vorschriften machen lassen. Und schon gar nicht von einer Frau. Aber kommen Sie – das haben Sie in den vorigen Kapiteln schon gesehen – auch nicht zu unterwürfig daher, dann werden Ihre Ideen nicht ernst genommen.

//Gleichgewichtige private Kommunikation

So, wie es Ihnen mit den Sie umgebenden Männern im Job ergeht, so ergeht es Ihnen auch zu Hause mit dem Partner. Wenn Sie in ein Gespräch, in dem Sie einen Wunsch äußern möchten, zu negativ einsteigen, wird der Wunsch oder Vorschlag erst gar nicht gehört. Und wenn Ihre Wünsche und Forderungen nicht diplomatisch verpackt werden, schaltet Ihr männliches Gegenüber auf stur.

Kommunikationsbeispiel:

Elke:»Ich weiß, wir waren jeden Abend unterwegs, aber der Film xy, der heute anläuft, soll eigentlich ganz gut sein. Was meinst du? Sollen wir hingehen?«

Klaus:»Hm, keine große Lust.«

Zwei Häuser weiter geht's um dasselbe Thema:

Corinna:»Ich würde sehr gern den Film xy sehen, der heute anläuft. Er soll sehr gut sein. Kommst du mit?«

Mark:»Hm, worum geht es denn da?«

Corinna ist sicherlich die geschicktere Kommunikatorin. Sie drückt aus, was Sie wirklich möchte, bleibt diplomatisch, liefert ein gutes Argument – und erhöht damit die Wahrscheinlichkeit, dass ihr Wunsch eintritt. Mark ist zwar noch nicht überzeugt, aber schon interessiert.

//In jedem Mann steckt ein Tarzan

»In jedem Mann ein Tarzan« – das mag männerfeindlich klingen, ist aber nicht so gemeint. Es spitzt die Erfahrungen vieler Frauen im Umgang mit dem »starken« Geschlecht zu. Wobei »stark« sich nicht nur auf die Muskelmasse bezieht, mit der die Männer uns überlegen sind. Es bezieht sich vor allem auf den männlichen Anspruch, stark zu sein in jeder Situation; alles im Griff zu haben und die Entscheidungen zu treffen. Die Frau ist in der Weltsicht des westlichen Mannes (noch) nicht als Entscheiderin oder Vorgesetzte vorgesehen – denken wir mal an Kapitel 01 zurück.

Und alles, was dem urprünglichen, dem seit Tausenden von Jahren überlieferten Bild der Frau widerspricht, verwirrt die Männer (immer noch). Und solange die Evolution sich nicht ein klein wenig beeilt und den in vielen Männern immer noch sehr dominierenden Tarzan nicht zähmt, werden wir, wenn wir unser Ziel erreichen möchten, uns noch ein wenig in Diplomatie üben müssen. Diplomatie heißt strategisch zielorientiert vorgehen. Ohne zu bevormunden. Vermeiden Sie – zumindest in der privaten Kommunikation – strategisch folgende sehr dominante Floskeln:

- »Wir machen das jetzt folgendermaßen ...«
- »Wir sollten das so machen ...«
- »Das Ganze funktioniert nur, wenn wir das so und so machen ...«

Anders in der Geschäftswelt. Als Vorgesetzte können Sie diese Einleitungen nutzen, da man aufgrund Ihrer Weisungskompetenz klare Ansagen von Ihnen erwartet.

► Direkte und indirekte Kommunikation

Gerda P. fragt mich im Seminar: »Mein Chef zieht morgens immer ein langes Gesicht, wenn ich auf ihn treffe. Ich denke, es hat etwas mit mir zu tun. Ich weiß aber nicht, was ich machen soll.« Auf meine Frage, ob sie ihren Chef schon darauf angesprochen hat, antwortet sie mit einem klaren »schon mehrmals«. Was sie denn genau gesagt habe, frage ich sie. »Geht es Ihnen nicht gut?«, ist Gerdas Antwort darauf. Und auf diese Frage habe er immer mit einem »doch« geantwortet.

Gerda ist der festen Ansicht, dass sie ihren Chef schon mehrmals darauf aufmerksam gemacht hat, dass sie sich von seinem »langen Gesicht« irritiert fühlt. Der jedoch hat sie lediglich fragen hören: »Geht es Ihnen nicht gut?«. Und da er keine gesundheitlichen Beschwerden hat, verneint er die Frage. Und der eigentliche Punkt bleibt unausgesprochen. Oder vielmehr: bleibt unangesprochen. Denn Gerda hat sich nicht genau ausgedrückt. Um genau zu erfragen, was sie für sich klären will, hätte sie fragen können: »Herr Müller, Sie sehen morgens schon mal nicht ganz glücklich aus. Ich habe das Gefühl, das hat etwas mit mir zu tun. Stimmt das?« Darauf kann der Chef eine klare Antwort geben, mit der Gerda etwas für sich anfangen kann.

Indirekte Kommunikation: rate mal ...

► Frauentypisch? Statt konkrete Wünsche zu äußern oder präzise Fragen zu stellen, bevorzugen Frauen häufig einen indirekten, komplizierteren Weg der Kommunikation. »Warum einfach, wenn's auch kompliziert geht«. Frauen wie Gerda wundern sich, dass sie keine wirkliche Antwort erhalten. Frauen wie Elke aus unserem früheren Kommunikationsbeispiel wundern sich, dass ihre Wünsche nicht berücksichtigt werden. Wie auch, wenn Gerda wie Elke nicht deutlich sagen, was sie wissen wollen oder möchten?

//Indirektheit führt zur Fehlkommunikation

Frauen tendieren zur Indirektheit – sie versuchen, etwas durch Blicke oder Verhalten auszudrücken. Sie erwarten von ihren Gegenübern, dass sie sich in sie hineindenken.

Kommunikationsbeispiel: Szenen einer Ehe

Sie: »Was machst du gleich?«

Er: »Ich geh in die Stadt.«

Sie: »Und warum kann ich nicht mitkommen?«

Er: »Natürlich kannst du mitkommen.«

Sie: »Wieso hast du mich denn nicht gefragt, ob ich mitkommen möchte?«

Er: »Woher sollte ich wissen, ob du mitkommen möchtest. Du hättest doch was sagen können.«

Sie: »Das ist doch klar, dass ich hier nicht alleine rumsitzen will.«

Er: »Wieso ist das klar? Hätte doch sein können, dass du noch etwas anderes zu tun hättest.«

Sie: »Habe ich aber nicht.«

Er: »Dann komm doch mit.«

Sie: »Jetzt will ich auch nicht mehr.«

//Metamitteilungen – die Domäne der Frauen

Männer UND Frauen kommunizieren indirekt. Bei Frauen ist diese Tendenz indes stärker ausgeprägt. Das liegt wohl daran, dass Frauen tendenziell emotionaler sind als Männer – was nichts Neues ist. Immer, wenn wir kommunizieren, senden wir so genannte Metamitteilungen aus. Mitteilungen also, die zwischen den Zeilen zu lesen sind.

Kommunikationsbeispiel: Sie fragen eine Kollegin, ob sie Ihr Telefon während Ihrer Mittagspause übernehmen könnte. Ihre Kollegin zieht die Augenbrauen hoch und sagt »Du, geh ruhig, kein Problem«.

Die verbale Mitteilung, die Sie hören: Es sei kein Problem, das Telefon zu beantworten. Doch »hören Sie zwischen den Zeilen«, achten Sie auf die hochgezogenen Augenbrauen, hören Sie die Metamitteilung: Dann merken Sie, dass es Ihrer Kollegin nicht recht ist, dass sie das Telefon für Sie übernimmt.
Für Metamitteilungen kann man empfänglich sein – oder auch nicht. Tendenziell sind Frauen empfänglicher dafür – weil sie auch mehr Metamitteilungen senden. Männer tendieren dazu, zu hören, was im Wortlaut GESAGT wird. Nicht, was in der Metamitteilung im Grunde genommen GEMEINT ist:

Kommunikationsbeispiel: Ihr Partner sagt abends zu Ihnen: »Ach übrigens, ich wollte noch mal kurz weg. Matthias hat mich gefragt, ob ich ihm beim Aufbau seiner Gartenhütte helfe.«
Sie sagen: »Du, von mir aus, kein Problem. Du bist sowieso kaum zu Hause, dann kommt's auf heute Abend auch nicht an.«
Genau, denkt sich Ihr Partner und geht zu seinem Freund Matthias.

Die »Gefahr« der indirekten Kommunikation wird hier sehr deutlich: Ihr Partner hört die Worte, nicht die Botschaft. In der Partnerschaft kann dies zu langwierigen Missverständnissen führen.

Weil »frau« denkt, er müsse doch die Botschaft verstehen. »Er muss doch merken, dass es nicht für mich okay ist und ich mich vernachlässigt fühle, wenn er geht.«

//Verständnis ohne Worte – ein Kommunikationsziel?

Und warum sagt frau nicht, was sie meint? Weil wir es als Zeichen von Harmonie und Aufmerksamkeit werten, wenn der andere uns auch »ohne Worte« versteht. Wir erwarten (als Frauen) von anderen Verständnis und Einfühlungsvermögen. Wird dies gezeigt, wissen wir, wir verstehen uns. »Verstehen« im Sinne von »akustischem Verstehen« und »mentalem Verständnis«, sogar von »allgemeinem Verstand« (common sense). Zeigt sich unser Gegenüber nicht einfühlsam = verständnisinnig oder verständig, dann mag er uns wohl auch nicht. In der Partnerschaft überinterpretieren wir die unausgesprochene Metabotschaft vielleicht sogar so weit: »Wenn er mich lieben würde, bliebe er zu Hause.« Emotionale Interpretation – das ist unsere, die weibliche Art der Metakommunikation.

Kommunikationsbeispiel:
Kollegin: »Ist es gestern Abend spät geworden?«
Sie: »Wieso, seh ich so aus?«

Ein Mann hätte lediglich mit »ja« oder »nein« geantwortet. Frau hingegen fühlt sich angegriffen und versteht die Frage als Kritik an ihrem Äußeren.

Kommunikationsbeispiel: Ein Mitarbeiter reicht Ihnen eine
Unterlage rein und sagt: »Falls sie damit nicht klarkommen, rufen Sie mich einfach an.« Sie denken: »Meint der, ich bin blöd?«

Diese Beispiele zeigen, dass die Metamitteilungen bei Frauen eine entscheidende Rolle spielen. Manchmal deuten wir richtig – und manchmal nicht. Die Fehldeutungen können, ebenso wie in der Partnerschaft, fatale Konsequenzen für die Beziehung zu Ihren Gesprächspartnern haben.

b@w Das Kommunikationsmodell der Ebenen

► In den obigen Kommunikationsbeispielen haben Sie gesehen, dass wir auf mehreren Ebenen kommunizieren. Quasi, dass wir auf mehreren Ohren hören. In der Kommunikationswissenschaft hat sich dabei und dafür das Vierohrenmodell von dem Hamburger Psychologen Friedemann Schulz von Thun durchgesetzt. Es zeigt, dass wir auf vier verschiedenen Ebenen miteinander kommunizieren. Und in der Konsequenz, dass wir auf den unterschiedlichen Ebenen eine Botschaft unterschiedlich interpretieren können.

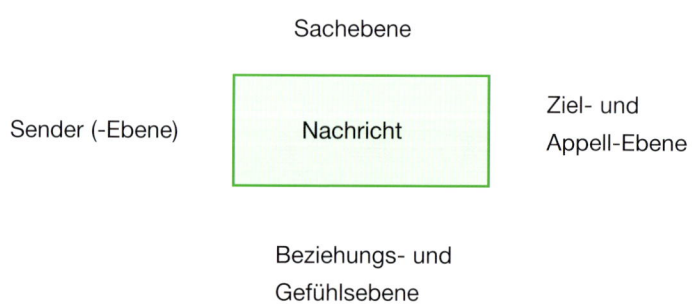

01. Das Gesagte sagt immer auch etwas über den Sender selbst.
02. Auf der Sachebene werden Informationen übermittelt. Diese werden wörtlich verstanden.
03. In einer Botschaft kann ein »Appell«, also eine Aufforderung, versteckt sein – oder die Nachricht kann als Aufforderung empfunden werden.
04. Die Beziehung zum Gesprächspartner spielt eine Rolle. Das Gesagte wird auf der Gefühlsebene interpretiert.

Reflexion: Spielen Sie die folgende Situation vor Ihrem geistigen Auge durch. Vergegenwärtigen Sie sich die verschiedenen Ebenen der Kommunikation.

Sie sitzen mit Ihrem Partner im Auto und stehen vor einer roten Ampel, die gerade auf Grün springt. Sie sagen zu Ihrem Partner: »Es ist grün.«

Ebene 1: Sendekanal Sachebene ist aktiviert
Diese Botschaft könnte der Fahrer als nüchterne Sachverhaltsbeschreibung deuten (was meist nicht der Fall ist).
Er würde also gar nichts machen.

Ebene 2: Sendekanal Ziel- und Appell-Ebene ist aktiviert
Er könnte den »Appell« heraushören und losfahren.

Ebene 3: Sendekanal, was der Sender über sich selbst damit sagt, ist aktiviert
Er könnte heraushören, dass Sie ungeduldig sind.

Ebene 4: Sendekanal Beziehungsebene ist aktiviert
Er könnte es so deuten, dass Sie ihn bevormunden möchten.

//Unterschiedliche Kommunikationskanäle

Sind Gesprächspartner zur selben Zeit, aber auf verschiedenen »Sendekanälen« aktiv, entstehen Komplikationen. Und das passiert sehr häufig, denn Männer sind tendenziell auf dem Sachebenen-Kanal gut zu erreichen und Frauen sind sehr empfänglich für die Kanäle Appell und Beziehungsebene. Da sind Missverständnisse vorprogrammiert.

Kommunikationsbeispiel: Eine Teilnehmerin sitzt in einem Seminar und schüttelt sich, als sei ihr kalt. Sie sagt jedoch nichts. Sie hofft vermutlich, dass der Trainer oder die Trainerin mit ihr auf der gleichen Kommunikationsebene ist, dass sie beide auf dem gleichen Kanal senden und empfangen. Ist der Trainer jedoch auf dem Sachkanal »eingepegelt«, kann sich die Teilnehmerin noch lange schütteln, es wird nichts passieren. Nach geraumer Zeit wird sie deutlicher: »Mir ist kalt«. Bliebe der Gesprächspartner auf der Sachebene, antwortete er mit »mir nicht«. Die Seminarteilnehmerin hofft immer noch, dass der Trainer sie versteht. Bevor sie größere Erfrierungen erleidet, entscheidet sie sich doch, ihre indirekte Kommunikation zu ändern und zu sagen: »Können wir bitte das Fenster schließen und die Heizung höher drehen?« Der Trainer sagt: »Klar, kein Problem.« (Ein Trainer wird den Appell allerdings nur überhören, um der Teilnehmerin die verschiedenen Kommunikationsebenen klar zu machen, denn er ist darauf geschult, alle Ebenen zu empfangen.)

Kommunikationsbeispiel: Sie sitzen mit Ihrer Freundin bei Ihrem Lieblingsitaliener. Sie macht sich über einen Antipasti-Teller her. Sie sagen: »Das sieht aber lecker aus.« Ihre Freundin fragt sofort, ob Sie mal probieren möchten.

Sie beide senden auf dem gleichen Kanal. Ihre Freundin hat Ihre Aussage sofort als Appell verstanden und bietet Ihnen etwas an. Vermutlich würde sie genauso indirekt kommunizieren.

Und vermutlich würden auch Sie das verstehen und Ihre Freundin probieren lassen.

Kommunikationsbeispiel: Eine Woche später essen Sie mit Ihrem Partner im gleichen Restaurant. Auch er verdrückt einen Antipasti-Teller. Und wieder sagen Sie: »Das sieht aber lecker aus.« Ihr Partner entgegnet: »Schmeckt auch wirklich gut.« Sie denken: »Blödmann, hätte mich ja auch mal probieren lassen können«.

Ihr Partner und Sie kommunizieren im selben Lokal, aber nicht auf dem selben Kanal. Mit Indirektheit kommen Sie hier nicht weiter.

//Das »appellative Ohr«

Frauen sind darauf trainiert, auf dem »appellativen Ohr« zu hören. Sie »erahnen« Wünsche bzw. hören sie hinter den schlichten Worten der Sachebene – und führen sie prompt aus.

Kommunikationsbeispiel: Ein Kollege steckt den Kopf zur Tür hinein und sagt: »Es ist schon wieder Papierstau im Kopierer.« Sie springen auf und versuchen den Schaden zu beheben.
Ihr Vorgesetzter sagt: »Es ist kein Kaffee mehr da.« Sie sind schon auf dem Weg – während Ihr Kollege sagt: »Ja, das ist mir auch schon aufgefallen.« Oder »Nicht so schlimm, ich hab grad keinen Kaffeedurst.«

In beiden Fällen laufen Sie – die Frau – allerdings los, wegen Ihres ausgeprägten appellativen Ohrs. Und sind Sie auf diesem sehr empfänglich, kann es passieren, dass Sie viele Verrichtungen für andere erledigen, die diese Personen auch selbst hätten ausführen können. Aber Achtung! Ein extrem ausgebildetes Helfersyndrom kann zulasten Ihrer Kompetenz gehen. Denn Sie helfen und unterstützen, wo Sie können, verlieren dabei aber die Prioritäten aus den

Augen. Auch kräftemäßig wird ein solches Verhalten sehr an Ihnen zehren. Menschen mit Helfersyndrom werden vielleicht gemocht oder auch gebraucht (verbraucht?), aber werden sie auch respektiert?

DO: Hören Sie auf, anderen Menschen ihre Wünsche von den Lippen abzulesen – resp. aus den Gedanken zu klauben. Wenn jemand Sie um einen Gefallen bitten möchte, dann soll er das direkt tun.

//Der Gefühls- und Beziehungs-Kanal

It's still a men's world. Sie sind in Ihrem Job und im Privatleben umgeben von Männern. Hören Sie auf zu hoffen, dass Männer das komplizierte Gefühlsleben einer Frau verstehen werden. Hören Sie auf zu denken, dass Ihr Partner oder Ihr Chef merken müsste, wenn Ihnen etwas nicht passt, Sie enttäuscht oder verärgert sind. Die meisten merken das nicht.

Sachlich – auf der Sach-Ebene: Männer reagieren auf Schallwellen, die auf ihr Ohr treffen. Also reden Sie – und zwar Klartext. Denn Klartext wird verstanden.

Mein Tipp: Überinterpretieren Sie nicht. Vermuten Sie nicht hinter jeder Bemerkung etwas Böses. Es gibt noch andere Deutungsmöglichkeiten als Ihre ganz persönliche. Öffnen Sie Ihre anderen Kanäle!

//Frauen ... und der ausgeprägte Sach-Kanal

Sie senden und empfangen überaus deutlich auf dem Sach-Kanal? Unwahrscheinlich. Leider! Wenn doch, dann dürfte Ihnen dieses »Ohr« eher antrainiert sein. Wie alles Einseitige ist es nicht überaus erstrebenswert, nur auf dem Sach-Kanal zu senden und zu empfangen.

Ein »bisschen Sach-Kanal« ist aber wohltuend – und im Business unabdingbar.

Üben Sie, wenn Ihr Sach-Kanal nicht sonderlich ausgeprägt ist, die Worte Ihres Gegenübers bewusst auf dem Sach-Kanal zu verstehen. Das bedeutet: Deuten Sie weniger, was jemand gemeint haben könnte. Hinterfragen Sie seltener, ob jemand Ihnen etwas unterstellen wollte. Hören Sie die Worte. Das. Hat. Er. So. Gesagt. Und. So. Meint. Er. Es. Einfach.

Menschen, die mehr auf der Sachebene kommunizieren, schonen ihr Nervenkostüm.

//Die Vorteile indirekter Kommunikation

Entscheidend ist, dass im Grunde genommen keine Ebene »wichtiger« oder »richtiger« ist als die anderen. Hier geht es nun darum, den Gefühlskanal zu nutzen, um eine gute Zuhörerin und damit eine gute Gesprächspartnerin zu sein. Denn wenn Sie als Kommunikationspartnerin auf dem Gefühlskanal offen sind, entdecken Sie in einem Gespräch sehr viel mehr als jemand, der ausschließlich auf der Sachebene kommuniziert. Sie hören heraus, was der andere wirklich möchte – und das Miteinander wird vereinfacht. »Dann soll der andere doch sagen, was er wirklich meint«, sagen Sie jetzt vielleicht; besonders nachdem Sie die vorigen Textabschnitte gelesen haben. »Schließlich gebe ich mir ja auch Mühe, mich konkret auszudrücken.« Ein legitimer Ansatz, doch gehen Sie mal davon aus, dass Ihr Gegenüber das möglicherweise nicht tut, dass er oder sie sich auch nicht bewusst macht, dass es verschiedene Kommunikationsebenen gibt. Sie oder er liest dieses Buch nicht, beschäftigt sich nicht mit der Metaebene von Kommunikation, kommuniziert schon ihr oder sein »Leben lang« indirekt – macht sich keine Gedanken. Wie wollen Sie das ändern? Gar nicht.

Sie können nur entscheiden, das Miteinander zu vereinfachen, indem SIE BEWUSST Ihren Gefühls- und Beziehungskanal nutzen.

Damit bringen Sie sich in die vorteilhaftere Position. Oder aber Sie entscheiden, auf »stur zu schalten«, was der Beziehung zur Ihrem Kommunikationspartner womöglich nicht gut tun wird. Denn es »schallt zwar aus dem Wald heraus, was in ihn hineinschallt« – aber ehrlich: Da können wir doch mehr herausholen ...

//Mehr als das gesprochene Wort

Sie kennen doch sicher die Redewendung »zwischen den Zeilen lesen«. Sie meint, dass man, um wirklich die Bedeutung einer Aussage oder Frage zu verstehen, nicht nur auf das gesprochene Wort, sondern auch auf die Bedeutung der Worte und auf den Hintergrund und Zusammenhang, in dem Sie gesagt werden, achtet. Also Kontext und Konnotation mit in die Kommunikation einbezieht.

Dafür müssen Sie vor allem eines (lernen): aktiv zuhören. Sich wirklich für den anderen und seine Äußerungen, Wünsche, Anliegen interessieren. Dann wird es Ihnen gelingen, den Kern des Anliegens herauszuhören, auch wenn die oder der andere nur indirekt kommuniziert.

//»Zwischen den Zeilen hören« bei indirekter Kommunikation

Kommunikationsbeispiel: Susanne Müllers Chef kommt mit den Worten in ihr Büro gestürmt: »Frau Müller, warum ist der Statusbericht noch nicht fertig? Ich hatte Sie doch darum gebeten, dass er heute morgen, bei meiner Ankunft, auf meinem Schreitisch liegen soll.« Susanne Müller: »Entschuldigen Sie, aber es ging heute morgen hier ziemlich turbulent zu. Hinzu kam, dass das gesamte Netzwerk zusammengebrochen ist – und Sie wissen ja, dann funktioniert hier gar nichts mehr.

Alles war in heller Aufruhr. Und dann ruft auch noch Herr Dr. Schneider an und will sofort von mir die Statistik, die er eigentlich erst nächste Woche haben wollte – also ich sage Ihnen … Das Netzwerk tat es zu dem Zeitpunkt immer noch nicht.«

Glauben Sie, dass Susanne Müllers Chef sich eine derartige Erklärung gewünscht hat? Wahrscheinlich nicht. Es sei denn, er hat alle Zeit der Welt und ist in ihre Stimme verliebt. Er hat sie mit »warum« scheinbar nach einem Grund gefragt – also liefert Susanne Müller eine Erklärung. Doch hätte Susanne »zwischen den Zeilen hören« gelernt, dann hätte sie trotz der indirekten Kommunikation ihres Chefs gewusst, was er eigentlich – also im Grunde genommen – wissen wollte: »Wann bekomme ich den Bericht?« Ihre korrekte Antwort hätte so ausgesehen: »Es gab hier ein paar Schwierigkeiten mit dem Netzwerk, die uns aufgehalten haben. Ich bin gerade dabei, den Bericht zu beenden. Sie haben ihn in zehn Minuten.«

Denken Sie jetzt vielleicht, dass sich Susannes Chef doch konkreter ausdrücken und sagen soll, was er will? Es steht Ihnen frei, diese klare Aussage einzufordern und eine einseitige »Schuld« zu fordern. Doch ehrlich: Das Leben verläuft selten in perfekter Kommunikation. Überlegen Sie einfach: Kommunizieren Sie immer perfekt? Sagen Sie immer genau das, was Sie meinen?

Reflexion: Überlegen Sie sich weitere Kommunikationsbeispiele wie in der folgenden Tabelle. Welche indirekten Wendungen nutzen Sie selbst – und erwarten, dass Ihr Gegenüber »zwischen den Zeilen hört«? Und wann sind Sie schon der indirekten Kommunikation anderer aufgesessen, weil Sie auf einer anderen Ebene gesendet und empfangen haben?

Indirekte Kommunikation: ungewisses Ergebnis	Direkte Kommunikation: ergebnisorientiert
»Ist dir auch kalt?«	»Mir ist kalt – ich würde gern die Heizung höher drehen. Bist du damit einverstanden?«
»Hast du Hunger?«	»Ich habe Hunger und mache mir etwas zu essen. Willst du auch etwas?«
»Haben Sie noch etwas für mich?«	»Ich würde jetzt gern Feierabend machen.«

Da nicht alle Menschen »zwischen den Zeilen hören«, wird es auch Ihnen immer wieder passieren, dass Sie nicht die Antwort erhalten, die Sie erwarten. Indirekte Kommunikation indiziert ein ungewisses Ergebnis.

DO: Gewöhnen Sie sich an, Ihre Fragen konkret zu formulieren, damit Sie eine zufriedenstellende Antwort in Ihrem Sinne erhalten. Seien Sie gegebenenfalls bereit, Ihre Frage zu wiederholen oder anders beziehungsweise genauer zu stellen.

//Verzeihung – Missverständnis!

Was tun, wenn Sie – obwohl Sie sich bemüh(t)en, eindeutig, verständlich und präzise zu formulieren – trotzdem missverstanden werden? Wie verhalten Sie sich, wenn jemand Ihnen eine Frage stellt, auf die Sie gerade bereits geantwortet haben? Wie vermeiden Sie es, den anderen vor den Kopf zu stoßen und bloßzustellen?

Wenn Sie der Ansicht sind, »ich bin doch nicht dafür verantwortlich, wenn der nicht richtig zuhören kann« oder Sie sich bisher mit
dieser Problematik noch gar nicht auseinander gesetzt haben, dann
rutschen Ihnen vielleicht Sätze wie die folgenden heraus.

Formulierungen, die Sie besser vermeiden:

- »Sie haben mich falsch verstanden.«
- »Sie haben mich missverstanden.«
- »Hör' mir doch mal richtig zu.«
- »Wenn Sie richtig zugehört hätten, ...«
- »Sie haben mir nicht richtig zugehört.«

Mit derartigen Aussagen stoßen Sie Ihren Gesprächspartner vor
den Kopf. Er kommt sich gemaßregelt vor, ist eventuell beleidigt
und boykottiert vielleicht die weitere Zusammenarbeit. Wenn Sie
sich ein gutes Betriebsklima wünschen und nicht den Eindruck er-
wecken möchten, als seien Sie die Oberschullehrerin vom Dienst,
dann kommunizieren Sie smarter:

- »Herr Meyer, was ich gemeint habe, ist Folgendes ...«
- »Lassen Sie es mich anders formulieren ...«

Anstelle von »das habe ich eben schon einmal beantwortet« antworten Sie einfach noch einmal in verkürzter Form, damit Sie die
anderen Zuhörer nicht langweilen. So lassen Sie den Fragesteller
sein Gesicht wahren. Das ist vor allen Dingen in Besprechungen
und generell, wenn Dritte anwesend sind, sehr wichtig. Denn wenn
Sie jemanden vor Dritten bloßstellen, dann schaffen Sie sich möglicherweise einen Feind fürs Leben.

Die richtige Körpersprache

Zu 55 Prozent – Sie erinnern sich – hängt Ihre Wirkung auf andere von Ihrem äußeren Erscheinungsbild ab. In diesem Rahmen spielt Ihre Körpersprache also eine entscheidende Rolle, denn sie bestimmt Ihr Erscheinungsbild entscheidend mit. Und: Sie ist immer aktiv. Sie können es nicht vermeiden, dass Ihr Körper »ausplappert«, was sich in Ihrem Geist und in Ihrer Haltung abspielt. Aber Sie können dieses »Plappern« – wie jede andere Kommunikation auch – bewusst beobachten, optimieren und einsetzen.

b@w Körpersprache: indirekt und doch direkt

► Reflektieren Sie einmal kurz Ihren eigenen Auftritt, wenn Sie z. B. ein Lokal oder ein Geschäft betreten. Seien Sie sich bewusst: Die anderen Gäste, der Betrachter bildet sich sofort ein Urteil. Er entscheidet, ob Sie eher schüchtern oder selbstbewusst sind, ob Sie gut oder schlecht gelaunt sind, ob Sie sympathisch oder unsympathisch wirken.

//Nonverbale Missverständnisse

Obwohl viele Menschen ein erstaunlich sicheres Gespür dafür haben, ob ihr – zunächst unbekanntes – Gegenüber authentisch ist, also »mit sich im Reinen« der Art, dass die bewussten wie unbe-

wussten Signale »eine gemeinsame Sprache sprechen«, treten auch
auf der Ebene der Körpersprache oft Missverständnisse auf.

Beispielsweise passiert es häufiger, dass zurückhaltende und
schüchterne Frauen für arrogant gehalten werden. Wie kommt das?
Jemand, der schüchtern ist, hält sich gern zurück. Er nimmt an Gesprächen nicht sofort teil und steht auf einer Party eher abseits. So
würde sich auch jemand verhalten, der tatsächlich arrogant ist. Verschränkt der schüchterne Mensch zusätzlich die Arme vor der Brust,
weil er nicht weiß, wohin damit, unterstreicht das den Ausdruck:
Lasst mich in Ruhe, ich will mit euch nichts zu tun haben. Schon ist
das Bild der arroganten Zicke perfekt.

Besonders aus dem Businessalltag werden Sie folgendes Beispiel
kennen: Sie sind im Gespräch mit einem Kunden oder Ihrem Vorgesetzten. Sie erörtern ein schwieriges Thema und Ihr Gesprächspartner erläutert Ihnen die Umstände und Argumente. Sie bringen
sich in eine bequeme Sitzposition, damit Sie besser zuhören können. Dazu lehnen Sie sich zurück und verschränken die Arme vor
der Brust. Was Sie machen, um gut zuhören zu können, deutet Ihr
Gegenüber aber nun als Desinteresse, ja als Ablehnung, und das
Gespräch nimmt plötzlich einen unerwarteten Verlauf. Ihr Gesprächspartner nimmt Ihre Körperhaltung bewusst oder unbewusst
wahr und reagiert unterschwellig aggressiv auf seinen subjektiven –
aber falschen – Eindruck, dass Sie nicht interessiert seien.

DO: Sie wissen, Ihre Körpersprache kann vom Gesprächspartner
fehlgedeutet werden. Nehmen Sie in wichtigen (beruflichen) Situationen
immer mal wieder eine Außenperspektive ein. Beobachten Sie einen
Moment lang bewusst Ihre Körpersprache. Überprüfen Sie, ob Sie das
ausdrücken, was Sie ausdrücken möchten, und ob Sie den anderen damit erreichen.

//Machen Sie sich nicht kleiner, als Sie sind

Kommt Ihnen folgendes Beispiel bekannt vor? Sie verreisen oder fahren zu einem Termin und haben als Transportmittel das Flugzeug gewählt. Sie nehmen in der Maschine Ihren Platz ein. Neben Ihnen sitzt schon jemand – ein Mann. Als Sie versuchen, es sich ein wenig gemütlich zu machen, stellen Sie fest, dass dies gar nicht so einfach ist. Denn Ihr Nachbar hat es sich auf beiden zur Verfügung stehenden Lehnen bereits mit seinen Armen bequem gemacht. Sollten Sie einen Fensterplatz haben, ist Ihre Bewegungsfreiheit stark eingegrenzt.

Frau hätte sich wahrscheinlich nicht so hingesetzt. Mit Rücksicht auf ihren Nachbarn oder ihre Nachbarin hätte sie die mittlere Lehne entweder gar nicht oder nur teilweise belegt. So hätten beide Sitznachbarn über ausreichend Bewegungsfreiheit verfügt.

Das Gleiche passiert Ihnen auch im Zug. In der Straßenbahn findet sich eine leichte Variante der Situation. Da sitzt Mann, Beine leicht gespreizt, Zeitung großzügig aufgeblättert, gemütlich auf der Sitzbank, die nur ganz knapp für zwei Personen ausreichend ist. Frau quetscht sich auf den übrig gebliebenen Platz, macht ihre Schultern noch schmaler, als sie ohnehin schon sind, und legt die Hände in ihrem Schoß zusammen.

Reflexion: Frauen tendieren dazu, sich in ihrer Körpersprache zurückzunehmen. Und sich zudem körperlich kleiner und schmaler zu machen. Sie beanspruchen wenig Platz in dieser Welt. Dagegen machen Männer sich tendenziell breit. Wie gehen Sie mit dieser Situation um? Quetschen Sie sich auf den verbliebenen Platz? Oder sprechen Sie Mann darauf an? Machen Sie sich klein? Oder nehmen Sie sich den Platz, der Ihnen zusteht?

//Die Bedeutung der Signale

Vielleicht denken Sie gerade, dass es doch völlig egal ist, wie Sie im Flugzeug sitzen. Doch das stimmt nicht ganz. Denn Ihre Sitzhaltung oder Sitzposition ist charakteristisch für Sie. So, wie Sie in der Straßenbahn sitzen, so ähnlich sitzen Sie auch beispielsweise in einem Gespräch mit Vorgesetzten oder Kunden. Das bedeutet in der Konsequenz: Neigen Sie dazu, sich im Privatleben klein zu machen, sich in der Körpersprache zurückzuhalten, tun Sie das auch im beruflichen Umfeld.

Wie wirken Sie, wenn Sie sich klein machen? Sicher, selbstbewusst und professionell? Natürlich nicht. Sie wirken unsicher, schüchtern und zurückhaltend. Auch damit entscheiden Sie also, wie Sie von anderen wahrgenommen werden.

//Haltung – ein Wort mit Doppelsinn

Ihre Körperhaltung zeigt äußerlich, was Sie innerlich »von sich halten«. Und dies vermittelt sich direkt Ihrem Gegenüber. Ihre Haltung – im doppelten Sinne – nimmt der Mensch mit allen Sinnen wahr.

Sie sitzen in sich zusammengesunken? Dann fühlen Sie sich eher klein und schlecht als gut und bedeutsam. Ihre Körperhaltung wirkt sich also direkt auf Ihr Selbstwertgefühl und auf Ihr Auftreten und Ihre Wirkung aus. Je besser Sie sich halten, je besser Sie sitzen, desto wohler und stärker fühlen Sie sich nach einer gewissen Zeit auch. Halten Sie sich so, wie Sie wirken möchten: stark und selbstbewusst! Dann fühlen Sie sich auch so.

Reflexion: Machen Sie einmal folgenden kleinen Test: Setzen Sie sich mit hängenden Schultern hin, machen Sie ein trauriges Gesicht und schauen Sie nach unten. Wie fühlen Sie sich? So, als könnten Sie Bäume ausreißen? Vermutlich nicht. Nehmen Sie nun eine aufrechte Sitzposition ein und lächeln Sie. Sie fühlen sich mit veränderter Körperhaltung und anderem Gesichtsausdruck besser.

//Machen Sie sich unübersehbar

Wie die obigen Beispiele zeigen, sind Männer in ihrer Körpersprache tendenziell stärker raumgreifend. Sie machen sich breiter als Frauen, nehmen ganz selbstverständlich ausreichend Raum ein. Männer zeigen körperlich mehr Präsenz. Frau hingegen hält sich naturgemäß (?) und ihrer Erziehung entsprechend stärker zurück. Weibliche Körpersprache ist in der Regel eher verkleinernd: Frauen machen sich schmal. Sie halten ihre Beine eng beieinander, die Hände im Schoß zusammengelegt, den Kopf gesenkt und drücken so aus »entschuldigt, dass es mich gibt, entschuldigt, dass Ihr mich ansehen müsst – dabei versuche ich doch schon alles, um übersehen zu werden«.

Natürlich geht es nicht darum, Ihnen zu suggerieren, dass es nötig sein, sich als Frau ebenso breitbeinig wie Männer hinzustellen oder zu setzen. Das wäre nur äußerlich antrainiertes Verhalten. Eine Handtasche macht aus einem Mann auch noch keinen Feministen. Erstrebenswert ist, dass Sie eine Körpersprache entwickeln, die doppelt positiv wirkt: nach innen, indem sie Ihnen ein gutes Gefühl gibt. Und nach außen, indem sie auf andere positiv und sicher wirkt. Und dazu gehört, dass Sie mehr Raum einnehmen. Dadurch fühlen Sie sich stärker und sicherer – und wirken auch so. Ihr Motto sollte lauten: »Ab heute übersieht mich keiner mehr.«

Die aufrechte Körperhaltung

► Mit einer in sich zusammengesunkenen Haltung drücken Sie mehr aus als 1000 Worte:»Ich arme kleine Maus. Keiner mag mich und ich mag mich auch nicht.« Wenn Sie mit hängenden Schultern umhergehen, wirkt das so, als hätten Sie Ihr Selbstbewusstsein zu Hause gelassen.

//Aufrechte Haltung spiegelt Selbstbewusstsein   b@w

Achten Sie auf einen geraden und aufrechten Gang. Die Devise lautet »Brust raus«. Mit einer geraden, stolzen Haltung strahlen Sie Selbstvertrauen, Vertrauenswürdigkeit und Sicherheit aus. Doch viele Frauen tendieren dazu, ihre Schultern hängen zu lassen. Manche, weil sie sich einfach eine schlaffe Körperhaltung angewöhnt haben. Das vermittelt aber auch einen schlaffen, unmotivierten Eindruck! Manche, weil sie sehr groß sind und so ein paar Zentimeter kleiner wirken möchten. Wieder andere, weil sie einen großen Busen verstecken möchten.

Also ehrlich! Versuchen Sie nicht, Ihre Größe mit hängenden Schultern zu verstecken. Das nutzt sowieso nichts. Wenn Sie größer sind als die »Durchschnittsfrau«, stehen Sie dazu. Legen Sie die Komplexe aus der Jugend – als die meisten Jungs kleiner waren als Sie – ab. Andere Frauen beneiden Sie um Ihre Größe und viele Männer schauen großen Frauen sehnsüchtig hinterher. Also: Seien Sie stolz auf Ihre Größe (spricht die Autorin, selbst 183 cm groß).

Und glauben Sie wirklich, dass niemand Ihren Busen wahrnimmt, wenn Sie ihn zwischen den hängenden Schulter »verstecken« wollen? Wahrscheinlich ist eher das Gegenteil der Fall. Je gebückter Sie gehen, desto mehr wird man versuchen herauszufinden, was genau Sie verstecken. Deshalb Brust raus – wenn Sie selbstsicher wirken möchten.

Und nicht zuletzt: Auch vom medizinisch-orthopädischen Standpunkt her sind die gerade Körperhaltung und der straffe Gang der gebückten »Schlaffi-Haltung« vorzuziehen.

//Auch richtig stehen will geübt sein

Wenn Sie einmal begonnen haben, sich mit Körpersprache auseinander zu setzen, erscheint plötzlich nichts mehr trivial. Und auch nicht mehr einfach, denn sogar das Stehen will geübt sein. Nicht das Stehen beim Bäcker in der Schlange. Sondern das Stehen, wenn Sie Kunden begrüßen, wenn Sie vor einer Gruppe reden oder präsentieren oder wenn Sie im Gespräch mit dem Boss »Ihre Frau stehen« müssen.

Reflexion: Wenn Sie sich mal bewusst hinstellen, also so richtig »aufbauen«, fällt Ihnen sicher auf, dass Sie auf einmal zwei Körperteile haben, auf die Sie gut verzichten könnten: Ihre Arme. Was macht man bloß damit? Und die Hände, würden Sie die auch am liebsten in den Taschen der Kleidung verstecken?

Doch das geht nicht. Denn zum einen wird es als unhöflich empfunden, wenn Sie die Hände in den Hosentaschen verschwinden lassen. Und zum anderen brauchen Sie Ihre Hände für Ihre Körpersprache.

Im Sitzen erscheint das »Armproblem« einfacher. Man kann sie in den Schoß legen. Allerdings gibt es Frauen, die sich auf die abgewinkelten Hände setzen oder diese seitlich unter die Oberschenkel schieben. Das ist natürlich nicht zu empfehlen. Und im Stehen ist es noch schwieriger, wie die folgenden Illustrationen von bevorzugten Standpositionen von Frauen zeigen.

Feigenblatthaltung hinten

Ihre Füße stehen parallel – und zwar so eng beieinander, dass sie sich berühren. Die Hände werden auf dem Rücken versteckt. Mit dieser Körperhaltung drücken Sie in jedem Fall aus »rühr mich nicht an«. Ob dies sehr selbstsicher oder weniger selbstbewusst wirkt, hängt entscheidend von der Haltung Ihres Kopfes ab: Wenn Sie Ihren Kopf gerade halten, ergänzt dies den Gesamteindruck, den Sie mit der Feigenblatthaltung hinten ausdrücken. Sie wirken verschlossen. Halten Sie Ihren Kopf leicht hoch, das Kinn also ein wenig in die Luft gereckt, wirken Sie verschlossen und zusätzlich arrogant.

Ist der Kopf hingegen leicht zu Seite geneigt und gleichzeitig leicht nach unten, wirken Sie so unsicher, wie Sie unsicherer nicht wirken könnten. Jeder, der Sie dann anschaut, sieht keine Frau vor sich, sondern ein verlegenes Mädchen. Und wer traut einem Mädchen wohl Kompetenz zu?

Diese Körperhaltung war über viele Jahre das »Markenzeichen« von Prinzessin Diana. In den ersten Jahren ihrer Ehe mit Prinz Charles trat Sie nur so in der Öffentlichkeit auf. Erst sehr viel später fand sie zu mehr Selbstbewusstsein, was sich auch in einer veränderten Körperhaltung und -sprache ausdrückte.

Feigenblatthaltung vorne

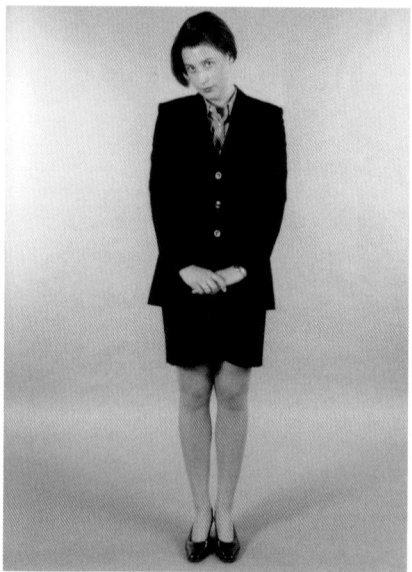

Ihre Füße stehen parallel und berühren sich. Die Arme hängen herunter, die Hände sind vor dem Körper gefaltet. Woran erinnert Sie diese Haltung? Zum einen sehen Sie sie regelmäßig beim Fußball – beim Freistoß: Die Spieler nehmen damit eine Schutzhaltung ein. Zum anderen finden Sie diese eher verlegene Geste häufig in der Lokalpresse. Wenn beispielsweise die Besitzer der prämierten Zuchtkaninchen geehrt werden. Der Schnappschuss der Sieger zeigt nebeneinander aufgereihte Herren, die die Hände vor dem Körper hängend zusammengelegt haben. Diese Körperhaltung wirkt eher unbeholfen und signalisiert Schutzbedürfnis. Sie ist deshalb für Sie völlig ungeeignet – in welcher Situation auch immer.

Arme vor der Brust verschränkt

Eine bequeme Körperhaltung, weil man auch weiß, wohin mit den Armen. Viele Menschen stellen sich so hin, wenn Sie sich unsicher fühlen; sie halten sich an sich selbst fest. Doch die Wirkung beim Gegenüber ist eine ganz andere! Verschränkte Arme signalisieren:

- sprich mich nicht an
- extreme Abwehrhaltung
- feindliche Haltung

Fürs Business ist das in der Regel also keine gute Haltung – außer, wenn Sie bewusst Abwehr ausdrücken oder nicht angesprochen werden möchten.

Ein Bein seitlich abgespreizt

Frauen stehen häufig mit einem Bein zur Seite abgespreizt. Die Arme hängen herunter, die Hände sind offen oder vor dem Körper gefaltet. Ein abgespreiztes Bein wirkt elegant und schlank. Der Blick auf die Beine, zumindest, wenn Sie einen Rock tragen, wird verstärkt.

Da Sie aber nur auf einem Bein fest stehen, wirken Sie nicht richtig sicher. Ein Standbein gibt Ihnen keine besondere Stabilität, das Spielbein hilft nicht viel weiter. Und bewegen können Sie sich so schon gar nicht, da Sie dazu beide Beine brauchen. Wenn es Ihnen wichtig ist, im Geschäftsleben »einen sicheren Stand« einzunehmen – dann nicht so.

//Die richtige Standposition   b@w

1. Ihre Beine

Gewöhnen Sie sich an, mit beiden Beinen fest auf dem Boden zu
stehen. Die Füße berühren einander nicht und stehen etwa 5 bis
10 cm voneinander entfernt. So haben Sie einen sicheren Stand,
können nicht wackeln oder das Gleichgewicht verlieren und strahlen
Sicherheit aus. Außerdem können Sie, da Sie beide Beine gleicher-
maßen zur Verfügung haben, auch einmal einen Schritt nach vorn,
hinten oder zur Seite machen.

2. Ihre Arme und Hände

Winkeln Sie Ihre Arme rechtwinklig an und lassen Sie die Hände
sich vor dem Körper leicht berühren, ohne dass Sie die Hände
falten.

Wenn Sie Ihre Arme im rechten Winkel vor Ihren Körper halten, nehmen Sie eine ideale Position ein, um mit Ihren Händen und Armen Ihren Worten mehr Ausdruck zu verleihen. Würden Ihre Arme lang herunterhängen, müssten sie zur Ausübung einer Geste erst die Strecke von unten bis etwa zu Taille zurücklegen. Das sorgt für viel Unruhe und die Bewegungen erscheinen dann wenig harmonisch.

Deshalb sehen Sie hier eine ideale Position für Ihren Geschäftsauftritt. Das ist für Ihr Gegenüber eine der sympathischsten, offensten und vertrauenerweckendsten Haltungen. Sie lässt Sie freundlich und aufgeschlossen wirken. Und aus dieser Position heraus haben Sie die größtmögliche Flexibilität der Körpersprache.

DO: Stehen Sie jetzt auf und probieren Sie diese im vorigen Bild gezeigte Körperhaltung aus. Fühlen Sie sich damit ungewohnt? Dann üben Sie! Und nehmen Sie gleich die nächste geschäftliche Gelegenheit wahr, die Position einzunehmen. Je häufiger Sie das tun, desto natürlicher wird es sich für Sie anfühlen.

Doch bereits kleine Abweichungen in der Handhaltung können den guten Eindruck verderben: Falls Sie die Hände ineinander falten, verringert sich der Eindruck von Dynamik. Die Dynamik geht vollends verloren, wenn Sie Ihre Arme zwar rechtwinklig halten, Ihre Hände aber schlapp herunterhängen.

Gestik und Mimik – die Schlüssel zum anderen   b@w

► Jetzt haben Sie eine Standposition kennen gelernt, die Ihnen freies Gestikulieren erlaubt. Und das ist sehr wichtig! Denn wie wollen Sie Ihre Zuhörer fesseln, wenn Sie die Körpersprache einer Tanksäule haben? Wen können Sie von sich und Ihren Worten begeistern, wenn Sie sich in körpersprachlicher Zurückhaltung üben, wenn Sie sich bei einer Rede hinter einem Pult oder Ihre Hände im Gespräch hinter dem Rücken verstecken?

//Gestikulieren ist nicht undamenhaft

Denken Sie an all die Redner, denen Sie schon zugehört haben. Warum empfanden Sie die einen als gut und überzeugend, die anderen als weniger gut? Die guten haben es geschafft, ihre Zuhörer zu begeistern, den Funken überspringen zu lassen. Ihre gesamte Rhetorik war überzeugend – und sicher hatten diese Redner auch ein gewisses Maß an Körpersprache. Denn mit jeder Geste unterstützen Sie Ihre Worte, geben Sie ihnen mehr Bedeutung.

Doch leider haben wir verlernt, frei zu gestikulieren. Wie oft haben wir als Kinder gehört, dass wir ruhig sitzen und nicht so rumzappeln sollen? Zuerst hieß es, das sei nicht brav. Und dann, das sei nicht damenhaft.

Aber damenhaft macht nicht (unbedingt) erfolgreich. Und was haben wir jetzt davon? Wir sind nicht in der Lage, unsere Hände instinktiv zu gebrauchen. Aber wir können lernen, wie wir sie am besten einsetzen, um mit überzeugenden Gesten unsere Worte zu unterstreichen. Gestikulieren ist nicht undamenhaft.

//Kopfhaltung: interessiert oder mädchenhaft?

Natürlich ist die Haltung Ihres wichtigsten Körperteils, Ihres Kopfes, auch sehr wichtig für Ihre Wirkung auf andere. Und auch hier kommt es wieder auf Nuancen an!

Stellen Sie sich vor: Sie stehen im Anschluss an eine Besprechung mit mehreren Kolleginnen und Kollegen in einer Runde zusammen und versuchen, Ihre Kollegen von Ihrer Idee zu überzeugen. Sie haben Ihren Kopf leicht zur Seite geneigt und müssen – da die meisten Kollegen größer gewachsen sind als Sie – von unten nach oben schauen. Das könnte etwa so wie auf dem folgenden Foto aussehen.

Und das wirkt sehr mädchenhaft. Wie viel Bedeutung werden Ihre Kollegen wohl Ihrer vorgestellten Idee beimessen, wenn Sie dabei aussehen und schauen wie eine 14-Jährige? Der etwas geneigte Kopf allein wirkt noch nicht mädchenhaft. Er signalisiert: Ich bin interessiert, ich höre dir zu. Aber wenn Sie mit großen Augen von unten nach oben schauen, dann wird aus Interesse Naivität. Damit wecken Sie Beschützerinstinkte. Klingt gut, ist aber nicht gut. Denn Sie verlieren damit sofort an Überzeugungs- und Durchsetzungskraft.

DO: Wenn Sie vermeiden wollen, dass Sie im Gespräch mit groß gewachsenen Menschen – Männern – in die unterlegene Position geraten, dann nutzen Sie einen einfachen Trick: Halten Sie ausreichend Abstand zu Ihrem Gegenüber, dann müssen Sie nicht so steil von unten nach oben schauen.

//Unterlassen Sie allerdings niedliche Gesten

Haben Sie langes oder halblanges Haar? Dann ist die Versuchung groß, hin und wieder verloren an einer Locke oder Strähne zu drehen. Besonders in Kombination mit dem mädchenhaften Hoch-Blick oder dem Senken des Blickes wirkt das verspielt, süß, niedlich, unsicher. Alle Beschützerinstinkte werden wach. Behalten Sie sich derartige Signale für andere Gelegenheiten vor. Im Job haben Sie nichts zu suchen, wenn Sie ernst genommen werden und erfolgreich sein möchten.

Übrigens: Nicht nur Männern wird auffallen, wenn Sie scheinbar ge-
dankenverloren an einer Strähne drehen, sondern auch anderen Frauen.
Nur, dass diese Sie nicht beschützen möchten, sondern Sie ganz einfach für inkompetent halten werden. So schnell drückt man sich seinen
eigenen Stempel auf.

Die bewusste Sitzposition   b@w

► Wie Ihre Arme auch, so können die Beine »hinderlich« werden, wenn Sie nicht wissen, »wohin damit«. Das passiert beim Stehen nicht so häufig, aber beim Sitzen. Und genau wie die Arme beim Stehen sind die Beine beim Sitzen wichtige Signalgeber.

//Beanspruchen Sie die ganze Sitzfläche

Sitzflächen sind dazu da, ganz genutzt zu werden. Profitieren Sie davon und setzen Sie sich auch ganz darauf. Damit signalisieren Sie Sicherheit und »hier passe/gehöre ich hin«. Wenn Sie nur auf einem Eckchen balancieren, macht Sie das nicht schlanker, falls Sie das meinen. Und gerade in schwierigen oder tendenziell unangenehmen Situationen wie Bewerbungs- oder Mitarbeitergesprächen sitzen Frauen häufig auf der Stuhlkante. Und das sieht so aus, als seien Sie jederzeit bereit, den Raum fluchtartig zu verlassen. Unsicher halt.

//Beachten Sie Ihre Beinhaltung

Wie bringen Sie die Beine beim Sitzen am besten unter? Auch darauf sollen Sie achten. Und sich ab und zu beobachten und selbst korrigieren.

So drücken Sie sehr viel Sicherheit aus. Fragen Sie sich jedoch, ob in der spezifischen Situation eine derartige ausladende Beinhaltung angemessen ist. Auch wenn Sie, wie auf diesem Foto, eine Hose tragen, erscheint Ihrem Gesprächspartner diese Sitzhaltung womöglich (antrainiert) männlich. Davon ist er möglicherweise irritiert, empfindet Unbehagen, wenn nicht sogar Antipathie. So also nicht im Gespräch.

Und hier nahezu das genaue Gegenteil: Unsicherheit, Zurückhaltung, Verlegenheit. Die ineinander verschlungenen Füße und die im Schoß vergrabenen Hände sowie das Sitzen auf der Stuhlkante lassen Sie verklemmt wirken. So bitte nicht!

Hier geht's nicht nur um die Sitzhaltung, hier geht's auch um die angemessene (Business-)Kleidung. Wenn Sie gern kurze Röcke tragen, seien Sie sich darüber im Klaren, dass ein kurzer Rock im Sitzen zum Verhängnis werden kann. Der Rock wirkt durch's Sitzen mindestens 10 cm kürzer, als er ist. Durch das Hochrutschen lässt er jede Menge Bein sehen.

Wenn Sie Ihre Beine nicht übereinander schlagen, müssen Sie Ihre Knie zusammenpressen, sonst kann man Ihnen aufs Höschen schauen. Und das Zusammenpressen kann auf Dauer ganz schön anstrengend sein. Seien wir nicht naiv: Glauben Sie tatsächlich, dass Ihre blank gelegten Beine keine Wirkung auf Ihr Gegenüber haben?

So reagiert der männliche Gesprächspartner

Ein Mann wird Ihnen immer mal wieder auf die Beine schauen und sich sein Urteil über Ihre Gliedmaßen bilden. Er ist also offensichtlich abgelenkt. Die Konzentration auf die von Ihnen präsentierte Strategie für das Projekt ins Südostasien gerät in den Hintergrund. Mit einiger Wahrscheinlichkeit wird er auch auf das Signal Ihrer bloßen Beine reagieren. Findet er Ihre Beine okay, lädt er Sie vielleicht zum Essen ein. Findet er Ihre Beine nicht okay, färbt Ihr unattraktives Äußeres – siehe die vorigen Kapitel – auf seine Meinung von Ihnen ab.

So reagiert die weibliche Gesprächspartnerin

Eine Frau denkt

- Wie unangebracht!
- Wann war das denn zuletzt in Mode?
- Warum hat die so schöne Beine und ich nicht?
- Mit solchen dicken Stempeln würde ich nicht so einen kurzen Rock anziehen.

Diese Sitzposition lässt Ihre Beine um die Hälfte schlanker erscheinen. So zeigen Sie sich von Ihrer Schokoladenseite. Aber: Diese Beinhaltung ist anstrengend. Konzentrieren Sie sich lieber aufs Gespräch statt auf die akkurate Haltung Ihrer unteren Gliedmaßen. Mit dieser Haltung Ihrer Beine rücken Sie Ihre Weiblichkeit stark in den Vordergrund. Sie müssen und sollten Ihre Weiblichkeit nicht verstecken, aber Sie sollten auch nicht so damit kokettieren, spielen oder angeben, dass Ihre Kompetenz zweitrangig wird.

//Richtig sitzen: aufrecht, aber nicht verklemmt

Im Grunde genommen bleibt Ihnen nur eine Sitzhaltung, die wirklich angemessen ist: weder zu sexy noch zu verklemmt noch zu lässig. Egal, ob Sie eine Hose, einen langen oder einen eher kurzen Rock tragen, so sehen Sie gut aus. Aber auch hier gilt: Ein längerer Rock wirkt passender und lenkt weniger ab.

//Beinrichtung entspricht Denkrichtung

Wenn die Beine in dieser Art übereinander geschlagen werden, drücken Sie aber noch mehr aus, als dass Sie »Benimm« haben. Denn psychologisch betrachtet impliziert die Richtung, in die Sie das übergeschlagene Bein halten, eine Bedeutung.

Zeigt das übergeschlagene Bein in Richtung Ihres Gesprächspartners, signalisieren Sie Interesse. Richten Sie Ihr Bein hingegen vom Gesprächspartner weg, so zeugt das von Desinteresse oder innerlicher Abwehr. Ihre Körpersprache verrät Sie wesentlich schneller als Ihre Worte. Aber: Sie können Ihre Körpersprache auch bewusst einsetzen, um mit ihr positiv auf Ihre Gesprächs- oder Verhandlungspartner einzuwirken. Mehr dazu in Kapitel »Überzeugende Körpersprache: im Einklang mit den Worten«.

//Kompliziertes Handling: die Hände

Auch im Sitzen müssen Sie Ihre Hände irgendwie »unterbringen«. Sie wissen schon: Sich darauf zu setzen ist nicht erlaubt. Und sie vor der Brust zu verschränken, macht keinen sonderlich offenen und freundlichen Eindruck. Also bleibt noch, die Hände in den Schoß zu legen, oder? Im wörtlichen – nicht im übertragenen – Sinne können Sie das durchaus machen. Achten Sie jedoch darauf, dass Sie die Hände dabei nicht ineinander legen. Denn das lässt Sie überaus zurückhaltend und bescheiden wirken. Sitzen Sie unbedingt aufrecht und lassen Sie die Hände locker auf Ihren Beinen liegen. Sie dürfen einander berühren, sollten jedoch nicht ineinander liegen. Wenn der Stuhl über Lehnen verfügt, können Sie einen Arm auf einer Stuhllehne ablegen und die andere Hand auf Ihren Beinen.

Reflexion: Beobachten Sie über längere Zeit Ihre Sitzhaltungen und üben Sie die oben beschriebene optimale Haltung ein. Gleiches gilt für die Hände: Finden Sie die Position, in der Sie sich am wohlsten fühlen und am besten Ihre Hände »unterbringen«.

Denken Sie dabei daran, dass das Ablegen beider Arme auf den Stuhllehnen überaus selbstsicher und bossy wirkt. Tun Sie das nur, wenn Sie glauben, dass Ihr Gegenüber so viel Selbstsicherheit verkraftet – oder wenn Sie wirklich »einschüchtern« wollen.

Überzeugende Körpersprache: im Einklang mit den Worten

► Privat oder im Business, um sympathisch zu wirken – da sind wir ja mal gestartet, erinnern Sie sich? –, ist es unabdingbar, dass Sie authentisch wirken. Also dass Tun, Wollen und Aussagen im Einklang stehen. Achten Sie dafür vor allem darauf, dass Sie mit Ihrem Körper nicht ihre Worte Lügen strafen. Denn letztlich reagieren Menschen sehr empfindsam auf die subtilen Äußerungen Ihres Körpers. Wenn Sie beispielsweise interessiert nachfragen oder Äußerungen kommentieren, wird man Ihren Worten keinen Glauben schenken, wenn Ihr Körper sich dabei ab- oder zurückwendet oder wenn Ihre Augen abirren. Um überzeugend zu sein, muss Ihre Körpersprache Ihre Worte unterstützen.

//Achten Sie sorgfältig auf Ihre Körpersprache

In für Sie wichtigen (Business-)Situationen sollten Sie gelegentlich »automatisch« Ihre Körpersprache überprüfen. Wie »stellt sich Ihr Körper« zu Ihrem Chef oder zu den Kunden? Befinden sich Gestik und Mimik im Einklang mit Ihren Worten?

Wenn Sie sich im Gespräch mit einem Kunden, Geschäftspartner oder auch Ihrem Chef befinden, lautet die Empfehlung: Lehnen Sie sich nie zurück, wenn Ihr Gesprächspartner etwas erzählt – und sei die aufrechte Haltung für Sie noch so ungemütlich. Ihr Gegenüber wird ein Weglehnen mit Sicherheit falsch verstehen. Nur eine offene Körperhaltung wird als freundlich interpretiert.

//Spiegeln Sie die Körpersprache Ihres Verhandlungspartners

Sehr leicht können Sie eine positive Beziehung zu einem Menschen aufbauen, wenn Sie ihn genau beobachten und seine Körpersprache spiegeln, also sie quasi imitieren. Dies funktioniert allerdings nur bei positiven Signalen: Jemand lächelt Sie an – Sie lächeln zurück. Ihr Gegenüber lehnt sich nach vorn – Sie auch. Dadurch fühlen sich die beiden Gesprächspartner wohl miteinander.

Je besser sich Menschen miteinander verstehen, desto häufiger nehmen sie die gleiche Körperhaltung ein. Daher spiegeln die meisten Menschen die Körpersprache von anderen unbewusst – Sie wahrscheinlich auch.

Reflexion: Nehmen Sie die Spiegelung einmal bewusst wahr, wenn Sie sich mit Ihrem Partner oder Ihrer Freundin unterhalten. Stehen Sie beide gleich? Halten Sie gerade beide die Arme in die Hüften gestemmt? Haben Sie beide Ihr Kinn aufgestützt?

//Spiegeln stellt eine einvernehmliche Atmosphäre her

Vor kurzem gab mir eine Seminarteilnehmerin ein schönes Beispiel für gespiegelte Körpersprache, die den gewünschten positiven Effekt hatte: Sie hatte sich zu einem Vorstellungstermin »in Schale geworfen«, hatte ihre Haare gekonnt frisiert, sich dezent geschminkt und war in ein Kostüm geschlüpft. So wartete sie fein herausgeputzt auf ihren möglicherweise zukünftigen Vorgesetzten, der allerdings lange auf sich warten ließ. Endlich stürzte der ersehnte Gesprächspartner abgehetzt ins Büro. Er machte einen gestressten Eindruck und warf sich in den Bürostuhl. Als Erstes zog er sein Sakko aus, dann lockerte er seine Krawatte. Während ihr Gegenüber sich sichtlich entspannte, fühlte sich die Seminarteilnehmerin immer unwohler. Der Gegensatz zwischen ihrem Gesprächspartner, der eine entspannte Atmosphäre suchte, und ihr, die sich in einem angespannten Zustand befand, war zu groß. Bis sie sich entschloss, einfach ihren Blazer auszuziehen und über ihren Stuhl zu hängen. Dann krempelte sie auch die Ärmel ihrer Bluse hoch, lockerte ihre verkrampfte Sitzhaltung und setzte sich bequemer hin. Von da an, sagte sie, fühlte sie sich einfach wohler und zwischen ihr und dem künftigen Chef stimmte die Chemie. Einfach, indem sie seine Körpersprache gespiegelt hatte, anstatt durch gegenteiliges Verhalten eine Kluft aufzubauen.

Checkliste für die gelungene Körpersprache

- Gehen Sie aufrecht – halten Sie sich gerade. Die Devise lautet: Brust raus!
- Schauen Sie anderen in die Augen, aber starren Sie sie nicht nieder – das zeugt von Selbstbewusstsein und Aufrichtigkeit.
- Blicken Sie freundlich, ohne sich ein Dauergrinsen anzugewöhnen.
- Wenn Sie nicht wissen, wohin mit Ihren Armen, tun Sie so, als hielten Sie auf einer Party zwei Gläser: Die Arme befinden sich angewinkelt, in Taillenhöhe. Ihre Hände berühren sich leicht.
- Machen Sie sich in Ihrer Körpersprache nicht unnötig schmal. Sie dürfen gesehen werden – nehmen Sie Raum ein!
- Gewöhnen Sie sich an den Gedanken, dass es positiv ist, Körpersprache zu haben. Eine ausgeprägte Gestik macht Gespräche mit Ihnen interessanter.
- Vermeiden Sie unbewusst abwehrende Körperhaltungen, wie zum Beispiel das Verschränken der Arme vor der Brust oder das Zurücklehnen während eines Gesprächs.
- Nehmen Sie beim Sitzen möglichst die gesamte Sitzfläche ein.
- Verschränken Sie Ihre Arme nicht, sondern legen Sie sie locker in den Schoß oder einen Arm auf die Stuhllehne.
- Unterschätzen Sie nie die Wirkung Ihrer Körpersprache! Und beobachten Sie sich ab und zu selbst aus der »Außenperspektive«.

Kommunikation ist Übung

► Sie haben sich sicherlich an der einen oder anderen Stelle des Buchs wiederentdeckt: Sei es, dass Sie gern auf der Beziehungsebene »durch die Blume reden«, dass Sie dem »Mag-mich-Zwang« unterliegen oder dass Sie sich selbst schlecht »verkaufen«. Wenn Sie daran etwas ändern möchten, dann ist die reine Lektüre dieses Buchs nicht ausreichend. Denn Lesen verändert nichts; nur Sie können etwas verändern – mithilfe dieses Buches und des Internetworkshops unter www.book-at-web.de, in den Sie immer mal wieder reinschauen sollten.

Legen Sie am besten heute noch fest, welche Punkte genau Sie angehen möchten. Halten Sie diese schriftlich fest, aber überfordern Sie sich nicht. Nur zwei Punkte – schließlich wollen Sie doch keinen neuen Menschen aus sich machen! Wenden Sie dazu die Reflexionsübungen und die DOs dieses Buches immer mal wieder an – dann bleibt »Erfolgsrhetorik für Frauen« eines nicht: reine Rhetorik!

Goleman, Daniel
Emotionale Intelligenz – EQ.
München: dtv, 1997

Mehrabian, Albert
Räume des Alltags. Wie die Um-
welt unser Verhalten bestimmt.
Frankfurt a.M.: Campus, 1987

Molcho, Samy
Körpersprache im Beruf.
München: Goldmann, 2001

Molcho, Samy
Über Körpersprache. In: Hermann
Scherer (Hrsg.): Von den Besten
profitieren, Bd II.
Offenbach: GABAL, 2002

Schulz von Thun, Friedemann
Miteinander reden. Bd.1.
Hamburg: Rowohlt, 1981

Schulz von Thun, Friedemann
Miteinander reden. Bd.2.
Hamburg: Rowohlt, 1989

Schulz von Thun, Friedemann
Miteinander reden. Bd.3.
Hamburg: Rowohlt, 1998

Topf, Cornelia/Gawrich, Rolf
Busiquette – korrektes Verhalten
im Job.
Offenbach: GABAL, 2003

Veith, Werner H.
Soziolinguistik
Tübingen: Narr, 2002

Weiss, Cornelia
Vier Ohren hören mehr als zwei.
Eine Orientierungshilfe im
Irrgatten der Kommunikation.
Das Kommunikationsmodell von
Friedemann Schulz von Thun.
Taschenbuch,
2., neu überarbeitete Auflage,
1996